beyond5Gは
インターネットの
危機を救えるか

西 正 ［著］ Nishi Tadashi

中央経済社

はじめに

インターネットが使いにくくなる。

そんな心配をしている人は，ほとんどいないだろう。

職場で1人に1台のパソコンが用意されてから四半世紀も経っていない。当時は，会社からのミッションとして，パソコン教室に通わされながらも，ゲームの遊び方を覚えてくる程度で，インターネットの利便性に気がつくのには結構な時間がかかったように記憶している。

また，公衆電話の代わりに，1人ひとりが個人の携帯電話機を持つようになってからも，やはり四半世紀も経っていない。ガラ携からスマホへと進化していくに連れて，モバイルインターネットの利用が進み，今では本当は電話機なのだということを忘れさせるくらい，インターネットが利用されている。

もはやインターネットのない生活など考えられないほどに，いろいろなことがインターネット経由で行われるようになった。

マニアックなたとえ話かもしれないが，筆者が社会人になったばかりの頃は，上司から調べものを命ぜられると，図書室に行って，関係のありそうな本を5冊も10冊も借りてきて，2日も3日もかけて，ようやく不出来ながら，完成させたものであった。今ならインターネットを使えば，おそらく20分もあれば同じことができてしまうだろう。

今さらインターネットが使いにくくなるなどと言われたら，冗談じゃないと思うばかりであり，どういうことになるのかといった事態は想像すらしたくないほど，なくてはならないものになっている。

これからの未来社会は，すべてのものがインターネットにつながるこ

とによって，非常に便利なものになっていくことが唱えられている。まさに，IoT（Internet of Things：さまざまな「モノ（物）」がインターネットに接続され，情報交換することにより相互に制御する仕組み）である。卑近な例でいえば，外出先で自宅の施錠をコントロールできるようになって，鍵のかけ忘れを心配しなくてもよくなるといったことだ。

　それにもかかわらず，インターネットが使いにくくなるといった懸念が抱かれるのは，便利であるのを良いことに，誰もが使い過ぎたせいでキャパシティ・オーバーになりそうだからだ。

　キャパシティを増やさないことには，いくら明るい未来社会の姿を唱えられても，実現性は疑わしくてならない。モバイルの世界では，5Gの登場によって非常に快適なインターネット利用が可能になる。しかし，その5Gにも弱点があることは，あまり知られていない。モバイルも基地局間は，固定回線によってつながっている。固定回線のキャパシティ・オーバーが解消されない限り，インターネットの危機は深まるばかりである。

　固定回線のキャパシティ・オーバーは，誰のお金を使って解消されるべきなのだろうか。ネットワーク中立性という議論では，それはユーザーも含めて関係者が公平に負担すべきとしているが，何をもって公平といえるのかは非常に難しい。

　本書は警鐘を鳴らすことを目的としていない。今のままではインターネットがなかなかつながらなくなるということを，1人でも多くの人に知ってもらいたいと思って記したものである。そして，それを踏まえたうえで，どう解決していくのかを示すことを目的としている。

2020年3月

西　　正

目　次

はじめに／i

第Ⅰ章　危機を迎えるインターネット ——————— 1

1　トラフィックの急増／2
（1）インターネットにはキャパシティがある／2
（2）満員電車にたとえてみると／4
（3）スマホによるネット利用／9
（4）固定のインターネットは分岐されている／11
（5）放送波の強み／14
（6）米国発「コード・カッティング」といわれる動画配信サービス／16
（7）日米の違いは国土の広さから／21
（8）ハリウッド・スタジオの存在／23
（9）日本は地上波が強い／27

2　ネットワーク中立性の議論について／29
（1）議論の根幹／29
（2）Wi-Fiは救いにならない／32
（3）トラフィックの急増は止まらない／34
（4）コスト負担については未解決／38
（5）SVODはトラフィック増を招く／39
（6）休眠会員が減ることは良いことだが／44
（7）配信事業者が乱立する日米で異なる現象／47
（8）日本にもガリバー的な配信事業者があれば／49

（9）外資系大手配信事業者との契約に注意を／52

（10）ファーストルック権にも要注意／55

（11）最後は「公平負担」の問題に収斂される／59

3　ケーブルテレビのFTTH化について／62

（1）最大の課題／62

（2）光化の先を考える／65

（3）4K，8K放送はIPでないのでトラフィックに
関係しないが／66

（4）4K放送がどこまで頑張るか／72

（5）地域BWAとは／74

（6）J:COMを外したことは正しかったのか／78

（7）ケーブルテレビのFTTH化は待ったなし／80

（8）予算は正しく使われるべき／84

第Ⅱ章　5Gに寄せられる期待 ——————————— 87

1　携帯電話料金をめぐる議論／88

（1）端末料金と通信料金の区別／88

（2）本当に値下げになるかは疑問／91

（3）MVNO事業に危機／93

（4）注目される大手携帯キャリアのスタンス／95

（5）大手携帯キャリアにはダメージにならない／97

2　5Gの影響力／99

（1）5Gの強みと弱み／99

（2）5Gの強みの誤解〜超高速の意味／102

（3）5Gの弱点も認識すべき／104

（4）医療の発展に寄与する8Kと5G ①／107

（5）医療の発展に寄与する8Kと5G ②／109

（6）災害時に期待される活躍／114

3　ミリ波活用から見えるケーブルテレビとローカル5G／116

（1）ミリ波帯とは／116

（2）ミリ波帯の活用も視野に入れて／120

（3）住商の実験／121

（4）「反射」が重要に／124

（5）ケーブルテレビに求められる当事者意識／128

（6）参入はアイデア次第／132

（7）周到な実験が行われている／133

（8）実験は続く
　　（5Gも，おおむねローカル5Gと変わらない）／134

（9）実験の成果はオープンに／138

（10）5年後の存亡を分かつケーブルテレビの経営スタンス／140

（11）継続的な成長を目指して／142

（12）新規事業についての考え方／143

（13）ローカル5Gの申請状況／146

（14）「儲かる5G」へ／149

（15）ローカル5Gは雑草のように／154

（16）サブシックスは誰が使うか／157

（17）5Gの可能性とbeyond5G／157

第Ⅲ章　インターネットの危機は救われる ——————— 159

1　これからは「有線と無線」の連携に／160

（1）5Gだけでは解決しない／160

（2）モバイルに欠かせない基地局／161

（3）モバイルインターネットはさらに使われるように／163

2　5Gならではのソリューション／164

（1）IPv4からIPv6へ／164

（2）究極の選択，5Gのアンリミテッド化／166

（3）NTT東日本が10Gbpsのサービスを導入／168

3　NTTのIOWN（アイオン）構想／169

（1）IOWN構想がもたらすもの／169

（2）無線技術との最適な接続を実現／169

（3）最適なワイヤレスシステムを割当／173

（4）無線を含めたシステム全体の高度化／173

4　beyond 5GとIOWN構想のコラボで
　　インターネットは安定性を取り戻す／176

（1）5Gからbeyond 5Gへ／176

（2）さらなる進化を遂げるbeyond 5G／177

おわりに／178

危機を迎えるインターネット

1 トラフィックの急増

(1) インターネットにはキャパシティがある

　今やインターネットはライフラインの1つといってもよいほど，非常に多くの人たちに幅広く使われている。インターネットの利用者は，通信回線事業者とISP（Internet Service Provider：通信回線をインターネットに接続するためのサービスを提供する事業者），もしくはケーブルテレビ事業者（プロバイダーも兼ねている）と利用契約を結ぶ。

　一般的には，通信回線事業者がNTT東西であり，プロバイダーはNTTコミュニケーショズのOCN等に分かれるケースがあるが，ケーブルテレビ事業者は，その両方を一括してサービス提供している。

　そうした手続きは面倒だと感じる人には，おそらくインターネットの販売を行う事業者が代わりにやってくれる。一度設定してもらえば，自分で余計な操作でもしない限り，あとは自由にインターネットを楽しめるようになっている。

　インターネットがつながるのは当たり前だという思い込みもあり，ときどき待たされることがあると，30秒が1分に感じられるほどイライラさせられることもある。

　それはテレビの影響かもしれない。テレビはリモコンでスイッチをオンにして，見たい番組のチャンネル番号を押せば，すぐに見たい番組が見られる。

　どうしても，そういった習慣がついてしまっているせいか，インターネットの場合には，つながるのに時間がかかるだけで，ついついイライラしてしまうのかもしれない。

　しかし，動画コンテンツをインターネット経由で配信するサービス

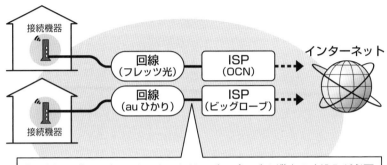

■ **インターネット利用経路**

接続機器

回線（フレッツ光） → ISP（OCN） → インターネット

接続機器

回線（au ひかり） → ISP（ビッグローブ） → インターネット

「回線」と「ISP（インターネットサービスプロバイダ）」の申込みが必要
通信キャリアから「セット」で申し込めるものが多い

ケーブルテレビの仕組み（イメージ）

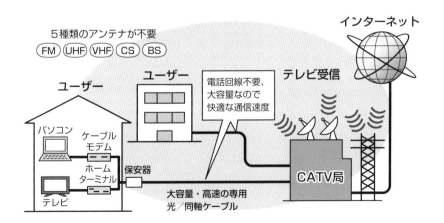

5種類のアンテナが不要
FM UHF VHF CS BS

ユーザー

パソコン
ケーブルモデム
ホームターミナル
テレビ
保安器

ユーザー

電話回線不要、大容量なので快適な通信速度

テレビ受信

インターネット

CATV局

大容量・高速の専用
光／同軸ケーブル

（ネット配信）が増えてきただけでなく，TwitterやFacebook，LINEといったSNS（social networking service：インターネットを介して人間関係を構築できるスマホ・パソコン用のサービスの総称），オンラインゲームと，段々とインターネットの通信回線の多くを占拠する使い方が増えてきたことから，インターネットの利用者も右肩上がりに急増し始めた。

通信回線上で一定時間内に転送されるデータ量のことをトラフィックという。トラフィックが急増してきたせいで，インターネットにつながるのが遅くなるという言い方が正しいようだ。

もともとは，世界の科学者や研究機関が情報交換の手段として使い始めたものである。それからわずか四半世紀の間に，これだけ世の中の大半の人が，いろいろな利便性を受けるサービス手段として使うようになったわけだから，それを商用ビジネスとして取り扱う通信事業者からしても，自分たちが十分過ぎるほどの投資をして構築したネットワークが，キャパシティ・オーバーを懸念するに至るまでの期間が短く，キャパシティを膨らませるための投資も，とてもではないが通信事業者単体だけでは背負いきれないという事態になってきたのも無理のない話なのである。

（2）満員電車にたとえてみると

通信回線上で一定時間内に転送されるデータ量のことをトラフィックと呼ぶと述べたが，普通はトラフィックというと「交通」の意味だと解釈する人が多い。そのため，トラフィックの急増がインターネットを使いにくくする理由を，通勤時の満員電車をたとえに使うと分かりやすいように思う。

通勤時に電車に乗る際に，始発にでも乗るのではない限り，自分が並

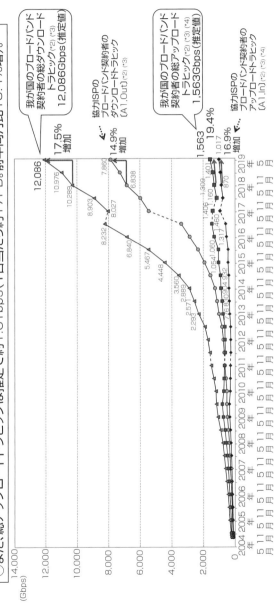

■我が国のブロードバンド契約者の総トラフィック

- 我が国のブロードバンドサービス契約者(*1)の総ダウンロードトラフィックは推定で約12.1Tbps(1日当たり約131PB。前年同月比17.5％増)。
- また、総アップロードトラフィックは推定で約1.6Tbps(1日当たり約17PB。前年同月比19.4％増)。

我が国のブロードバンド契約者の総ダウンロードトラフィック(*3)
12,086Gbps(推定値)

協力ISPの
ブロードバンド契約者の
ダウンロードトラフィック
[A1.Out](*2)(*3)

我が国のブロードバンド契約者の総アップロードトラフィック(*2)(*3)(*4)
1,563Gbps(推定値)

協力ISPの
ブロードバンド契約者の
アップロードトラフィック
[A1.In](*2)(*3)(*4)

17.5%
増加

14.9%
増加

19.4%
増加

16.9%
増加

(*1)FTTH、DSL、CATV、FWA
(*2)2011年5月以前は、一部の協力ISPとのトラフィックを区別することが可能となったため、2011年11月より当該トラフィックを除いた形でトラフィックの一部のみの集計を行うこととした。
(*3)2017年5月から協力ISPが5社から9社に増加。9社からの情報による集計及び推定値としたため、協力事業者の一部において、不連続が生じている。
(*4)2017年5月から5月11月までの期間に、協力事業者の一部において計測方法を見直したため、不連続が生じている。

(出所：総務省)

んで待っている駅に到着するまでに，すでに電車はパンパンに混んでいる。トラフィックで一杯になっている通信回線と同様だ。

　1つの扉ごとに電車が来るのを20人くらいで並んで待っていても，やってくるのは満員電車なので，何とか3人でも4人でも乗せようと，駅員も一生懸命に背中を押して中に押し込もうとするのだが，残念ながら3人しか乗れず，残る17人は引き続き並びながら次の電車を待つことになる。さらに新たな人が来て並ぶことになるので，17人は瞬く間に25人になってしまう。

　インターネットでコンテンツを見ようとしても画面上でクルクル回るばかりで，それでも粘っていれば，上手くつながることがある。まさに，ようやく乗れた3人がインターネット利用をできるようになったのと同じである。

　乗れなかった4人目の人が先頭になって，次の満員電車が来るのを待ち，また駅員が背中を押して，今度は4人が乗れたとする。その4人がインターネットにつながるようになるということだ。

　これが昼間であれば，電車もガラガラなので，皆がスイスイと乗車できる。乗車する時間によるということである。それでいて，運賃は乗車駅から降車駅までの区間で決まるので，ギュウギュウになって乗っても，ガラガラで気楽に乗っても，料金は変わらない。インターネットも時間帯によって待たされたり，簡単につながったりするが利用料金は同じである。

　通勤電車に乗らないわけにはいかないように，どうしてもインターネットを利用しなければならない人も多いと考えると，自分が乗れるのを待つしかないことになる。

　電車が8両編成だから，混雑が解消しないのであって，鉄道会社も10両編成，12両編成にしてくれれば，今よりはもう少し乗りやすくなるだ

■ 混雑状況を電車にたとえると

通勤時

昼どき

ろうと思うが，車両の数を増やすのには大きなコストがかかる。それでも，車両数を少しずつだが，増やしてきたと見えて，10年前，20年前と比べると，あくまでも最悪な頃と比べての話だが，混雑は緩和してきたように思われる。

　同じように，インターネットに使う通信回線のキャパを広げていけば，インターネットもつながりやすくなるのだが，こちらはそう簡単にはいかずに困っているのが現状だ。

　満員電車は，30年も40年もかけて，少しずつ解消されてきた。その間には，鉄道会社も少しずつ運賃の値上げを行うことができた。

　しかし，インターネットのサービスは，そうしたタームでは考えられないほど短期間の間に進歩してきたし，利用者もそれを上回るスピードで増えてきた。つまり，電鉄会社のようにはいかない事情があるということだ。

　料金を上げることによって通信回線のキャパを増やそうにも，おそらくかなり高額な値上げになりかねない。インターネットを提供する側の競争は非常に激しく，相当慎重に行わなければ，瞬く間にユーザーをライバルの事業者に奪い取られてしまうだろう。

　また，鉄道会社の場合は，代替が利かないケースが多い。事故が起こったときなどは，やむをを得ず迂回して通勤・通学をするけれども，乗客は最も早い区間を選ぶことになる。仮にその区間が値上げをしても，簡単には他の区間を使うことはない。まして，繰り返すようだが，少しずつの値上げで賄っている。

　インターネットの場合は，仮に同じキャパシティであったなら，料金の安いほうに乗り換えても，ユーザーとしては使い方が同じなので，何も困らない。そして，こちらは今，巨額の投資が必要とされている上に，簡単には値上げのしようもないという事情がある。

　ただし，インターネットのトラフィックの急増が，動画配信などの
サービスの利用によることを考えたら，そうした通信回線を無料で使っ
てユーザーから料金を取っている事業者からも対価を取るべきではない
かという考え方がある。

　それが「ネットワーク中立性」と呼ばれるものだが，簡単にいえば，
インターネットを使う多くの関係者，通信事業者，インターネットプロ
バイダー，ユーザー，そして何より，動画配信等のサービスやSNS
（Social Networking Service）を提供している事業者のすべてが「公平」
に負担すべきだという考え方である。

　理屈としては，非常に分かりやすいのだが，「公平」というものこそ，
実現するのが難しいことを思い知らされる考え方であり，その点につい
ては，本書ではもう少し先に述べることとする。

（3）スマホによるネット利用

　携帯電話機が個人で持ち歩ける便利な電話機になって久しいが，1999
年の2月に，NTTドコモが「iモード」のサービス名称で，インター
ネット接続サービスを可能にして以来，その使われ方はガラリと変わっ
た。

　4G/LTE（5Gの1世代前の規格で，現在広く使われているもの）が
中核となっている今では，端末機もスマートフォン（スマホ）が中心と
なったが，それを肌身離さず使っている若者たちからすると，電話機と
いう意識よりも携帯ネットデバイスとしての位置づけのほうが大きく
なっているに違いない。

　インターネット接続が可能になったことによって，いろいろなサービ
スにアクセスできるようになり，それこそいろいろな使い方が可能に
なった。

■ わが国のネットワーク中立性の議論

トラフィックが急増していく中で、インターネット回線を増強するためのコスト負担を、どのように公平に保っていくかが、わが国におけるネットワーク中立性議論の根幹

特定のパケットを差別的もしくは優遇的に取り扱うことの問題、その中でも、いくら使ってもパケットが、ノーカウントになるサービスをどう考えるかといったことが、ゼロレーティングについての議論

ネットワーク中立性を確保するための3原則

①消費者がコンテンツ・アプリケーションレイヤーに自由にアクセス可能であること

②端末をネットワークに自由に接続し、端末間の通信を柔軟に行うことが可能であること

③適正な対価で公平に利用可能であること

主語を改めたうえで、「帯域制御」、「優先制御」、「ゼロレーティングなど」の3つをルールが必要な事項として取り上げ、論点と取り組みの姿勢を示した。

動画配信の基本的なビジネスモデルがSVODとなっており、トラフィックはさらに急増していくことが予想される

多種多様な利害関係が意思決定プロセスに関与する「マルチステークホルダー」型のガバナンスが重要ということで、主語を「事業者などを含む利用者」に改めた

　それまではパソコンを通じて使っていたインターネットだが，スマホ
で使えるようになり，よりパーソナルな利用が可能になった。このこと
から，メールはもちろんのこと，今はLINE，Facebook，Twitter，
Instagram，LinkedInなどの無料SNSが非常に多く使われている。LINE
に至っては，日本人が世界で一番使っているサービスといわれており，
その数も7,000万人という規模に及んでいる。

　駅で電車を待っている人たち，電車の車内にいる人たちの姿を見ると，
ほとんどの人がスマホとにらめっこしており，そうでない人を探すほう
が難しいくらいスマホが使われているが，当然のことながらネット利用
している人ばかりである。

　スマホが普及したお蔭で，ちょっとした疑問が出てきたら，すぐに調
べて答えが分かるのも便利である。もっとも苦労して調べなくなったせ
いで，すぐに忘れてしまうということもあるようで，暗記力は落ちる一
方だと警告を鳴らす人もいる。

　そういう意味では，スマホのトラフィックの急増も大変なものがある。
ただし，スマホは間もなく5Gの時代に入ろうとしており，1人1台に
なるのには少しばかり時間を要するようだが，固定回線を使うインター
ネットよりは，まだ救いがあることは確かである。

（4）固定のインターネットは分岐されている

　よくインターネットの高速性が数値で示されることが多いが，それは
最大値を示しているケースが多い。

　どういうことかというと，例えば，NTTのフレッツ光では，1Gbps
（bpsとは，通信回線などのデータ伝送速度の単位で，1秒間に何ビッ
トのデータを送れるかを表す）の1本の光ファイバーを最大32件のユー
ザーでシェアされる。集合住宅の場合は共有スペースに1本通り，そこ

から32件にシェアされている。戸建ての場合は局内で4分岐され，電柱で8分岐され，やはり合計は32件でシェアされる。

仮に32件のユーザーが同時に利用したとしても「1Gbps÷32ユーザー＝1ユーザーあたり約32Mbps」が割り当てられるように設計されており，25Mbps以上出ていれば4Kの動画でもゲームでも快適に使うことができる（1G＝1,000M）。

そして，電柱で分岐されるのはその近所のみであるため，利用率が100％になることは稀であり，シェアしている32件が一斉にアクセスするケースも稀である。

1ユーザーあたり最低30Mbpsというのは守られるようになっており，光回線が原因で回線速度が32Mbps以下になることはないようになっている。

それでも遅くなるとしたら，原因はISP（Internet Services Provider：公衆通信回線などを経由して契約者にインターネットへの接続を提供する事業者で，「プロバイダー」と略称されることが多い）のほうにある。プロバイダーはユーザー1人ひとりのパソコンをインターネットに接続する役目を果たすので，その接続部分が混み合ってしまうとインターネットが遅くなる原因となる。

しかし，ユーザーの本音としては，自分がたくさん使うようになったからではなく，自分の使っている回線をシェアしているよその人がたくさん使うようになったせいで，ネットを使っていて遅く感じるようになるのは，割りが合わないと思うことは確かだろう。

宅内に引き込んだ回線から，無線のネットワークを構築することができ，これがWi-Fi（ワイファイ：無線でネットワークに接続する技術の登録商標）と呼ばれるものである。Wi-Fi専用端末も売られていることから，そちらは持ち歩けば，好きなところでWi-Fi環境を作ることがで

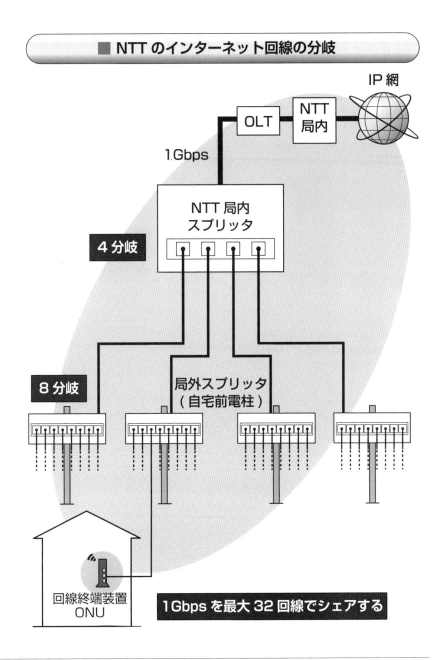

■ NTTのインターネット回線の分岐

IP網

OLT　NTT局内

1.Gbps

NTT局内スプリッタ

4分岐

8分岐

局外スプリッタ（自宅前電柱）

回線終端装置 ONU

1Gbpsを最大32回線でシェアする

きる。また，行く先々のWi-Fiサービスを利用できるようにすることを
ローミングと呼んでいる。

　ただ，スマホを使い慣れた若者は，動画配信やネットゲームのように
通信料が高くつくものについては，Wi-Fi環境でしか使わないという知
恵がある。

　屋外のWi-Fiだとセキュリティの問題がないこともないが，自宅の
Wi-Fiを使うことでスマホ向けの動画をテレビで視聴するようにすれば，
スマホ側の通信料はほとんど発生しない。むしろ，今のところ逃げ場の
ない固定回線の負担として乗ってくるので，結局のところ，誰かしらが
負担を負わざるを得ないのは，インターネット利用の宿命のようなもの
である。

（5）放送波の強み

　こうした議論をしていて，つい忘れられがちになるのが放送波の強み
である。

　インターネットの場合には，どうしても定員というものがあって，そ
れを超えるとサーバーが一杯になってしまうとか，回線が輻輳すると
いったことになり，常に定員を超えないように心配しておかなければい
けない。

　1人だけがヘビーな使い方をするせいで，分岐されて共有している他
のユーザーが常時使いにくい思いをするケースなどには，ネットワーク
中立性（network neutrality：ユーザー，コンテンツ，プラットフォー
ム，アプリケーション，接続している装置，通信モードによって差別あ
るいは区別することなく，インターネットサービスプロバイダ（イン
ターネット接続業者）や各国政府が，インターネット上のすべてのデー
タを平等に扱うべきだとする考え方）の見地から，何らかの対策が講じ

■ Wi-Fi の利用

家庭用
無線 LAN

アクセス
ポイント

公衆
無線 LAN

アクセスポイントが
ない場合

Wi-Fi は、ケーブルを使わず無線通信を利用してデータを
やり取りする仕組みであり、「無線 LAN」とも呼ばれている。

られるようだが，そうではなく，特定の人気コンテンツなどに一斉に
ユーザーがアクセスすると，絵が止まってしまうといったトラブルが起
こりかねない。

　あくまでもたとえだが，1万人が同時にアクセスしても大丈夫なよう
に準備しておいても，1万1人がアクセスすると，その最後の1人が見
えなくなるだけでなく，1万1人全員が見られなくなってしまう。それ
が不便なところである。

　それに比べると，放送の場合には，日本中の人が一斉に同じ番組を見
ても，何の問題もなく見られる。むしろ，リアルタイムに1人でも多く
の人に見てほしいと思って番組制作をしていることから，同時視聴する
人が多ければ多いほど，ありがたいというモデルである。

　その放送番組のほうは，タイムシフト視聴が当たり前のようになって
きて，勝手に分散視聴されることに頭を痛めており，ネット配信のほう
は同時視聴が多くなることに頭を痛めるという矛盾がある。

　今は，1つの番組を大勢の人が一斉に見ることは少なくなっているせ
いか，放送波はもう古く，すべてネット配信にしたほうが効率的だとい
う声も聞く。しかし，これは放送波の強みが忘れられてしまっており，
後になって，やっぱり電波のほうが良かったと後悔することになりかね
ない。

（6）米国発「コード・カッティング」といわれる動画配信サービス

　米国では，OTT（Over The Top：インターネット回線を通じて，メッ
セージや音声，動画コンテンツなどを提供するサービスや事業者）と呼
ばれるネット系のサービスは，ケーブルテレビ局にとっての大敵である。

　日本もケーブルテレビ経由で地デジを見る世帯が5割を超えてきたと
ころだが，米国ではすでに85%を上回る水準に達している。

■ 通信と放送の相違点

通信（配信）

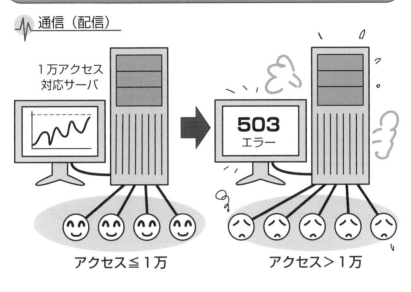

放送

何千万人の受信（視聴／聴取）でも OK

しかしながら，2010年以降，北米を起点として，ケーブルテレビの契約を解約して，インターネット経由で動画を視聴する世帯が急速に増加した。ケーブルテレビの解約をともなうそうしたサービスを総称して，コード・カッティング（Cord Cutting）もしくはOTTと呼んでいる。

　コード・カッティングの「Cord」とはケーブルテレビの信号線であるケーブルを指しており，それが不要になることを指して「Cut」という単語を用いられたとか，ケーブルテレビに不可欠のSTB（Set Top Box）を不要にするものとしてOTT（Over The Top）と呼ばれるようになったといわれている。

　北米における典型的なOTTサービスが，動画配信でいえばNetflix，Amazon Prime Video，Huluであるといわれており，無料のYou Tubeも強力な存在感を示している。

　そして最近では，FacebookやTwitterなどのSNS，LINEやMessengerなどのメッセージツールも広く使われるようになっている。

　これらのOTTサービスは，インターネットの利便性を通じて提供されており，従来型のケーブルテレビを通じて視聴される有料チャンネルよりも手軽に視聴できるうえに，やはり急速に普及したスマホを通じて利用できるところが大きな強みとなっている。

　そうしたインターネットサービスが急速に普及してきたものの，通信会社やケーブルテレビの回線を土管のように使うばかりで，通信回線のキャパシティは大幅に食う割には，回線を持つ事業者に一銭も払うつもりはないということで，コードンカッティングといわれるように，回線を持つ事業者のサービスを解約に持ち込むということから，OTTサービスと通信回線を持つ事業者はハブとマングースのような関係になっている。

　日テレに買収されたHulu（以下：日テレHulu）が日本ケーブルテレ

ビ連盟と，NetflixがJ:COMとの提携を果たしたが，これはそれぞれの発祥地である米国から見たら，奇妙な形に映るに違いない。

　もっとも，2016年にはコムキャスト（全米最大のケーブルテレビ事業者）もNetflixと提携しており，両者の関係は少しずつ変わり始めているのかもしれない。他のネットサービスはともかくとして，Amazonとの競合になると，後者にはネット通販での利便性付与や，一部の映画や音楽を無料で提供している強みがある。

　ハブとマングースの関係に変わりはないと思われるが，いよいよ巨大化していくAmazonに対抗していくために，Netflixも提携する相手を選びながら戦略を変えつつあるようだ。

　日本のケーブルテレビ各社がOTTサービスと組みたがるのは，同じくテレビサービスである多チャンネルサービスが不振のあまり加入者の減少傾向が止まらないからであると思われる。

　通信サービスの提供のほうに力を入れていることは確かだが，競合相手である通信事業者との戦いは，体力的にも非常に厳しいものになっている。大手通信事業者は，基本的にテレビサービスを得意としてはいないので，ケーブルテレビとしては，それとの合わせ技で対抗するのが良いように思える。

　しかしながら，包括的独占契約を結んだわけではないので，別に大手通信事業者のユーザーもNetflix，Amazon Prime Video，日テレHulu，FODといったサービスは利用できる。

　日本ケーブルテレビ連盟がHuluと，J:COMがNetfflixと提携することによるメリットは，ユーザーが各サービスと契約するときの手続きを容易にするというものだろうが，もともと一般ユーザーが直接契約しても，たいした手間がかかるわけではない。

　J:COMとNetflixの提携については，J:COMがオリジナルコンテンツ

を制作して，J:COMでしか見られないようにするというところまで発展するかもしれないが，Netflixは配信を行うので，見たい人はNetflixと契約すれば済むことである。

公表される限りでは，Netflixの利用料金をJ:COMの利用料金とまとめて請求できるようにするということだが，その際にNetflixの側からJ:COMに対して1件あたりいくらという手数料が払われるのかもしれない。その手法は，ケーブルテレビが料金の徴収代行手数料という形で有料チャンネルから取ってきた経緯にあり，特に珍しくもない。ただ，手数料収入が得られるのであれば，J:COMの強力な営業力で販売されていくので，Netflixの加入者増という形で双方にメリットがあることは間違いない。

日本の動画配信市場では，国内勢，海外勢，特に数が多い国内勢によって競合しており，Amazon Prime VideoとNetflixの2社が全体の5割のシェアを占めているといわれている。Netflixにとって，J:COMとの提携は加入者獲得増を狙ったものと捉えるのが正しいのだろう。

米国と日本とで環境が大きく異なるとしたら，日本の地上波の強さだろう。米国ではウインドウ・コントロール（コンテンツをリリースする順番）が徹底されており，新作のドラマやバラエティは有料視聴者から先に見せていくことにしており，無料で見られる地上波に来るのは，有料放送で視聴できるようになってから2年〜3年もかかる。

早く新作を見たいと思う人が多いことで，AmazonやNetflixが自らもオリジナルコンテンツを制作することによって，そのニーズに応えようとしている。

しかし，日本の地上波では，1年365日，ゴールデンタイムではドラマやバラエティの新作が無料で視聴することができる。

そのため，日本での市場を拡大させるために，AmazonもNetflixも日

本製のオリジナルコンテンツをラインナップすべく，巨額の投資を行う用意をしていると宣言している。制作力のあるところが，そこに集まっていくのは当然だろう。

　しかし，外資の大手事業者は非常に強かである。そうした意味合いも併せて考えれば，NetflixとJ:COMの提携はとても自然なものに映ってくるのではなかろうか。

(7) 日米の違いは国土の広さから

　情報通信の世界では，どのような分野でも米国が日本の先を行っていると勘違いしている人は少ないと思うが，それに近い考え方で米国の情報を見ている人が多いのは確かである。

　クリントン政権時（1993年1月20日～2001年1月20日）に，副大統領のゴアが情報スーパーハイウェイ構想を打ち出したものの，その後のブロードバンド化，特に国内のカバレッジの広さを見ても，今や日本のほうが圧倒的に進んでいる。

　しかしながら，だから米国と比べても仕方がないと結論づけるのが正しいわけでなく，日本と米国の国土の広さの圧倒的な違いを1つの要因と考えるべきであろう。

　これは日米の情報通信や放送の状況を考えるにあたって常に意識すべきことであり，あれだけ広大な国土でブロードバンド化を進めるのは並大抵のことではないし，非常に多くの場所でそれが非効率になることを再確認しておくべきである。

　例えば，日本のレンタルビデオの位置づけについてもそうだが，大都市圏では自転車ですぐに行けるというロケーションにあるとか，オンライン化を早めに進めたからといって，これから伸びていく事業であるとは思えないが，すぐに全滅するほどではない。

一方，米国の場合には車に乗って出かけていかないとレンタルビデオ店にたどりつけない場所がほとんどある。これも国土の広さのなせる業である。レンタルビデオ全盛の時代には，米国は圧倒的に優位なポジションにあったわけである。

　ブロックバスター（1985年設立）は，米国の大手レンタルビデオ会社として世界17か国に従業員6万人の規模を有していたが，Netflixのように店舗に行かずに済む新興勢力に押されて，2010年に倒産してしまった。

　一方で，国土が広いということは，米国には数え切れないほどのネット配信事業者がいそうに見えるし，実際に300近い事業者がいるという。しかし，その大半は地域限定でビジネスを行っているものが多く，むしろ市場を支配しているのはNetflixやAmazonのような超大手事業者であり，彼らは引き続き配信事業の規模を膨らませている。

　基本的には，超大手の企業しか生き残れそうにない理由として，コンテンツをハリウッドのスタジオから調達するにあたって，小規模事業者には資金的な限界がある。しかし，NetflixやAmazonのような大手事業者であれば，そのユーザーも数多くいることから，バーゲニングパワーも強く，その分だけ安く多く調達することができる。

　米国における300近い事業者よりも，同じコンテンツを低価格で調達できるということだ。その結果，大手企業と中小零細企業とでは，コンテンツのラインナップからして異なるうえに，低価格で視聴できるという強みを持つことになるわけである。

　おそらく，わが国の配信事業もそういった様相になっていくと思われるが，ガリバー的な存在が見られないことから，バラバラとユーザーを分散しながら，それぞれが赤字なのか黒字なのか分からない状況が今しばらくは続くのかもしれない。

　少なくとも，P/L上，Netflixは黒字だったので，Netflixのほうがハリウッド・スタジオから敵視されやすかったようだ。Amazonが赤字であるはずはないのだが，積極投資を続ける企業にとって減価償却費はキャッシュアウトしないので，帳簿上の赤字は作りやすいことは確かである。

　広大な米国市場においても，結局のところ2強はNetflixとAmazonに絞られるようであり，あとは放送局系を含めて，コンテンツを持つところが自社系のVOD事業を展開しているところが大半だということのようだ。

（8）ハリウッド・スタジオの存在

　また何よりも，日本と違って，コンテンツ制作の大黒柱を担っているのがハリウッドのメジャースタジオであるという点が大きい。放送かインターネットかという伝送路の問題は日本では大きいが，ハリウッドからすれば，どちらが多くのお金を稼ぎ出すかという問題でしかない。

　もちろん，日本と同様に著作権問題はあるのだが，ハリウッドの規模からすれば，十分なギャランティーを支払って出演してもらっているだけに，そこで面倒な思いをさせられるような人は使わないということで解決してしまうケースが多いようだ。

　ハリウッド・スタジオの一角を占めるディズニーからすると，自分たちの制作したコンテンツでNetflixが大きな利益を上げていることが不満でならず，Netflixへのコンテンツの提供契約を打ち切ってしまった。

　これが結果的にNetflixをさらに強くしてしまったのだが，Netflixは自らオリジナルコンテンツを制作していくという今の路線に変わる契機となったといわれている。

　ハリウッドのスタジオくらいの力があれば，配信も必要だということ

になれば，自ら配信会社を作ることなど容易である。

　ディズニーの場合には，FOXグループを買収した折に，FOXの子会社である米国Huluが付いてきたことから，偶然の結果であるが，Netflixを通じて配信していたときよりも，低価格で配信事業を行えるようになった。

　こうして見ると国土の広さの違いだけでなく，コンテンツ制作陣が圧倒的に強いということも米国の特徴といえそうだ。

　光ファイバーによるブロードバンドのほうは，国土が狭いこともあってか，日本が圧倒的に充実しているが，肝心のコンテンツ制作の中核については，今も昔も変わっていない。

　コンテンツ制作の中核であるNHKおよび日本の在京民放も，強い伝送路を持つ事業者とは相互依存の関係にあるのが日本の事情であり，それは米国型に変えようと思えば簡単に変えられるはずなのだが，米国のネットワーク局がいち早く，スポーツやニュースに力を入れることによってビジネスモデルを変えたのとは違い，日本では相変わらずドラマやバラエティといったパッケージ物のタイムシフト対策に注力している。

　ケーブル視聴についても，日本の5割超という水準に比べれば，米国の85％というのは圧倒的である。コンテンツがなければ始まらないだけに，もう少し強気の戦略を採っても良いのかもしれない。そこは考えようであるとしか言いようがない。

　米国でディズニーが，自社コンテンツで稼ぎまくっているNetflixを許せないといって，契約を打ち切っていることを考えると，日本の地上波はパススルー（放送電波の周波数をそのまま家庭に届けるサービスで，ケーブルテレビはいっさい手を加える余地がない）でさえあれば良いというところに甘んじていて，肝心のケーブル加入者が見たいのは自分たちが作ったコンテンツであるという意識が薄いように思えてならないの

■ ハリウッドの存在とオリジナルコンテンツ

ハリウッドメジャーの一角であるディズニーからすれば、どうして自分たちが制作したコンテンツをネット配信するだけで儲けるのかということで、Netflix へのコンテンツ供給を止めてしまった

ディズニーは、Fox の買収を行ったが、たまたま Hulu が Fox の傘下にあったことから配信会社を手に入れた

Netflix も Amazon も、ただコンテンツをアグリゲートするだけではなく、莫大な金額を投じてオリジナルコンテンツを制作し続けている

米国のレンタルビデオ店が駆逐されてしまったのも、そうしたレベルの高いオリジナルコンテンツを持つ OTT 事業者に敵わないという事情が大きかったに違いない

日本では海外ドラマも人気があるが、圧倒的に日本製ドラマが強いということもあって、米国の大手配信事業者は、日本の放送局や制作会社に日本製コンテンツの制作を依頼

Netflix や Amazon の本国での強さは、オリジナルコンテンツのレベルの高さに支えられている

である。JASMATという制度を作り，ケーブルテレビから対価を得る
ようにはしたが，まだまだ不満が残っていることも事実である。

　話を日米の配信事業者のところに戻すと，NetflixもAmazonも，ただ
コンテンツをアグリゲートするだけではなく，莫大な金額を投じてオリ
ジナルコンテンツを制作し続けている。そのレベルの高さがあるからこ
そ，ただのアグリゲーターとして片づけられることがないのだろう。
Netflixの2019年のオリジナルコンテンツ制作費は1.6兆円である。世界
規模で展開しているとはいっても，日本で最大のコンテンツ制作費を支
払っている在京キー局でも1,000億円程度だと考えると，その制作予算
規模にも目を見張らざるを得ない。

　米国のレンタルビデオ店が駆逐されてしまったのも，そうしたレベル
の高いオリジナルコンテンツを持つOTT事業者に敵わないという事情
が大きかったに違いない。

　日本では海外ドラマもそこそこの人気があるが，圧倒的に日本製ドラ
マが強いということもあって，日本に上陸してきた米国の大手配信事業
者は，日本の放送局や制作会社に日本製コンテンツの制作を依頼してい
る。

　OTT事業者の台頭がすべての理由であるとは思わないが，米国より
進んでいるはずの日本のブロードバンド環境も，トラフィックの急増に
悩まされ始めた。

　ネットワーク増強のための費用を負担せよといえば，今の段階ならば
そう無謀な提案だとは思えないが，当然のことながら日本の事業者にも
同じことをいわなければいけない。

　米国では，誰が最も強い事業者なのかという点が明らかである。日本
の場合には，そこがやや中途半端なせいで，言いたいことが言えないと
したら，まずそこから改めていく必要があるのではなかろうか。

（9）日本は地上波が強い

　トラフィックの急増により，インターネットがキャパシティを超えそうになる理由はいろいろあると思うが，動画配信や音楽配信がその大きな原因であることは確かなようだ。

　特に，米国発のNetflixやAmazon Prime Video，You Tubeの影響力は大きく，彼らは今後も日本市場で巨大化していくことが予想される。

　日本勢も動画配信では負けずに競争しているが，やはり本国における底力を合わせて考えれば，当面は外資勢が日本市場を牽引していくことになるだろう。

　ただし，日本では米国と違って，地上波はゴールデンタイムには常に新作を放送している。それもNHKを除けば広告収入によるものだけに，見ていても一銭もかからない。新作を見たければ，有料放送もしくは有料配信でないといけない米国とは，そこが圧倒的に異なっている。それでも，インターネットのトラフィックは増える一方である。

　すべてのものがインターネットでつながるIoTの時代が着々と始まりつつあることからすると，インターネットのトラフィックはさらに大きなものとなるだろう。

　通信回線の容量を膨らませても，膨らませきれないほどのスピードでトラフィックが急増していくことから，コスト負担の問題を解決することは不可欠だと思うのだが，なかなか進まないのが現状である。米国の事情にも触れたが，日本ではそれすら言えない状況にある。

　日本の動画配信事業者も，おそらく統合淘汰を余儀なくされることになるだろう。

　ただ，すべてのものがインターネットにつながると，動画配信事業のように中核となる大手企業だけがトラフィック増の原因となるわけでなく，個人ベースでも合計すれば大変な量のトラフィックになっていくこ

とが予想される。

　いずれコスト負担の問題は避けられないと思うが，今は競争上，採り得ないようだが「従量制」の「公平」な導入といったことに踏み込まざるを得なくなるのではなかろうか。

2　ネットワーク中立性の議論について

（1）議論の根幹

　インターネットを利用している非常に多くの人たちは，通信事業者およびISPと契約を結ぶか，両事業を掛け持つケーブルテレビ事業者と契約を結んでいる。

　インターネット契約をすることによって，一定の帯域を割り当てられるのだが，普通にネット上のウェブサイトを閲覧したり，メールを送ったりする程度では，毎月支払っている定額の料金の範囲内で十分に余ってしまう程度でしかない。

　しかし，動画配信や音楽配信といったサービスの利用が増えることにより，少しずつだがユーザーの利用量も多くなってきている。ただ，それでも一般のユーザーが使う量には限りがあり，とてもインターネットの使い勝手に影響を及ぼすほどの量にはならない。

　だが，一般ユーザーの手元までくるアクセスラインは，電柱まで来ている回線を分岐してあてがわれているので，１人でも大容量を要する使い方をすると，同じアクセスラインを使っている残りのユーザーの利用に悪影響を与えることになる。

　いつものようにインターネットにアクセスしているのに，今日はなかなかつながらないとか，動画が止まってしまうということが，それほどめずらしくなくなってきたのは，そうした他のユーザーの利用に影響を与えるような使い方をたまたま同時にする人が増えてきたことによるものであろう。

　確かに，今やいろいろなサービスにインターネットが使われるようになり，大手通信事業者が日本中にブロードバンドを敷設しようと考えて

いた時期には思いもよらぬほどの使われ方になっているに違いない。

　ネットワーク中立性とは，ユーザー，コンテンツ，プラットフォーム，アプリケーション，接続している装置，通信モードによって差別あるいは区別することなく，ISPや各国政府が，インターネット上のすべてのデータを平等に扱うべきだとする考え方であり，そのためのコスト負担の公平性も担保されるべきだというコンセプトも含めて検討されることが多い。

　ネットワーク中立性を確保する３原則として，①消費者がコンテンツ・アプリケーションレイヤーに自由にアクセス可能であること，②端末をネットワークに自由に接続し，端末間の通信を柔軟に行うことが可能であること，③適正な対価で公平に利用可能であること，の３点が挙げられている。

　最初の①については，海賊版サイトのブロックもしてはいけないということで話題になったが，それは憲法の通信の秘密に抵触するということもあり，なかなか難しいが，総務省としては，アクセスしようとする者に警告する「アクセス警告」による対策を考えているようだ。

　コスト負担についても遡上には上がっているが，「適正」な対価，「公平に利用可能」というところが，尺度を示せずにいるという印象が強い。

　放送と通信の関係も予想以上に接近を続けており，好きなときに好きな動画を楽しめるビデオ・オンデマンドも当たり前のサービスになっているだけでなく，放送と同じようにストリーミングでコンテンツがネット配信される形のサービスもめずらしくない。2018年の春先に，安倍首相がネットもテレビも変わらないといったのは，ネット上のストリーミングサービスであるAbemaTVに出演した後のことだが，危うく間違えた放送改革が行われそうになった。

　ここまで急速にインターネット利用が広まった理由としては，携帯電

話機からのネット活用が可能になり，それが多くの人に使われるように
なったことが大きい。PCを購入して，インターネット契約を結んで，
PCでのインターネット利用が可能になるまでのセッティングに比べる
と，携帯ネットの場合はボタン1つ押すだけで使えてしまう。

　さらに携帯電話機も進化していき，今は誰もがスマホに切り替えてい
るが，その名のとおり，スマートフォンということで，最初からイン
ターネット利用を前提に作られている。画面も大きくなり，それで動画
を見るのも，携帯電話機に比べたら格段と利便性が増した。

　そこをターゲットに動画配信を行う事業者が次々と登場し，今や数え
切れないほどの事業者が参入している。

　また，2019年5月29日に改正放送法が成立し，20年度早々から，
NHKが放送と全く同じコンテンツをネットを通じて常時ネット同時再
送信できることになった。もちろん権利元との関係ですべてのコンテン
ツを配信することはできないが，同時配信と銘打っている以上，別のコ
ンテンツを配信することはせずに，その時間帯の画面上では受信料の支
払いを促す文言等が映る形になる。

　NHKがそうしたサービスを始めれば，当然のことながら民放も追随
するかどうかを悩み始めておかしくはない。これまでは，比較的ニーズ
の大きそうな特定のコンテンツの配信にとどめてきたが，ここのところ
毎年2月頃に時間限定で在京5社もネット同時配信の実験を行っている。

　民放の場合には，広告スポンサーから精緻なデータを提出することを
求められており，30歳，男性，東京都在住といった程度のデータでは，
あまりにもザックリ感が強すぎるとまでいわれている。ワンセグ放送の
経験から，大きな広告収入を得ることはあり得ないと考えているようだ
が，データ収集のためという理由で同時配信に取り組むことを予定して
いる。

今のところ，NHKの常時同時再送信にはニーズがなさそうだという意見が多いことから静観しているが，何らかの成功モデルを見出そうものなら，民放もさらに力を入れてくることが考えられる。

　この常時ネット同時配信がトラフィックを増やす原因になることは間違いない。誰も見ていなくても配信は行われるので，一定の帯域を必ず必要とすることになるからである。

　満員電車の例にたとえれば，電車が走っている間は，絶対に降りることなく，必ず乗り続ける団体が存在するようなものである。

　多くの期待を集めている5Gについても，遅延がほとんどないといった強みが，常時ネット同時配信にピッタリだといわれているが，5Gで新たなサービスを模索している人たちからすれば，後でも述べるが，勘弁してほしいサービスだということになる。

（2）Wi-Fiは救いにならない

　スマホ向けのネットサービスも，利用者の中心となるであろう若者たちは，コンテンツを選んで使うことになる。SNSのように基本的には無料のものは，場所を選ぶことなく使うと思われるが，動画配信やネットゲームなどのように使えば使うほど，通信料が上がるようなものは，Wi-Fi環境のないところでは使わないようだ。

　Wi-Fi環境の下では，いくら使おうともスマホの通信料には影響しないからだが，フリーWi-Fiにはセキュリティ上の問題があるということで，結局のところ自宅にインターネット環境があれば，そこでWi-Fi環境を構築して，動画配信やゲームを楽しむことが一般的になりつつある。

　極めてリーズナブルなことは確かだが，自宅のWi-Fi環境でネットサービスを楽しんだからといって，それが無料で利用したことにはならない。スマホのほうは無料かもしれないが，Wi-Fi環境の元となってい

る固定回線に負荷が転嫁されるだけのことである。

　こうして，スマホでのインターネット利用が進むことによっても，最後は家庭で契約しているインターネット回線に影響してくるので，さらに固定回線は使いにくくなることになる。

　それでも，まだ日本ではイザとなれば，何でもネットを使えば解決すると考えている人が多いせいか，例えば，インターネットの使える家庭ではテレビとネット回線をつなぐことによって，ネット経由で4Kコンテンツや8Kコンテンツを見るのが良いといったソリューションが提示される。

　日本では，テレビと通信回線がつながっている比率（結線率）が3分の1程度であることから，それを引き上げていくことが課題だと考えられている。また，別にテレビと通信回線がつながっていなくても，Wi-Fi環境にしたことから自然とテレビと通信回線がつながっている状況になっているが，今のWi-Fiでは8Kコンテンツは容量的に通らないので，Wi-Fiを結線率に計上すべきではないとの考え方もある。

　そこは間違えていないと思うが，放送には免許も必要だし，放送免許を取るほどの4K，8Kコンテンツを作ってはいない事業者にはネット配信で送り届ければ良いと考えていたのだが，ネット上のトラフィックはすでに容量を超えておかしくない段階に近づいているだけに，ネット配信によって4K，8Kコンテンツを配信しようという考え方には無理があるようだ。

　とはいえ，これからもまだまだネット利用は放送や通信と無関係なところでも広がっていく。回線の容量を上げるにはコストがかかるので，ユーザーに値上げを前提に容量を上げるプランは誰しも思いつくことだが，今は固定回線を売っていくのに大変な競争が起こっている。安易に値上げをしようものなら，ライバル事業者に乗り換えられてしまうだけ

なので，ユーザーに負担させることは難しい。

　そうかといって，大半のネットコンテンツの提供事業者は，大手通信事業者に一銭も払わずにユーザーと契約してサービスを提供しており，コンテンツの事業者も回線利用料を払うべきではないかと主張しているが，すでに同じトラブルで先行している米国でも訴訟沙汰になりそうでなっていないだけに，そう簡単に解決するとも思えない。

　大手通信事業者からすると，大半のコンテンツ事業者はタダ乗りしているようなものなので，ユーザーとは違って，一銭も払わないというのはどうなのかと主張している。

　ネットワーク中立性とは，トラフィックが急増していく中で，インターネットを増強するためのコスト負担を，どのように公平に保って行くべきなのかが議論の根幹である。

　簡単でないのは，誰がいくら払えば公平といえるのか，それより多く払った人を優遇することを公平といえるかといった問題がある。公平というコンセプトほど難しいものはない。しかし，この問題を放置していけば，IoTも何も成り立たないだけに，もっとオープンな議論にすべきだろう。限られた有識者が研究会を開いて，そこでの議論で解決に持ち込もうなどと考えていること自体が遅れた国であるといわれても無理のないことなのではなかろうか。

（3）トラフィックの急増は止まらない

　インターネット上のトラフィック急増が今後も止まらないという状況を踏まえて，わが国ではどのような対処が必要なのかが議論されている。

　「ネットワーク中立性」という概念について，国によって考え方が違うことによるもので，特に日本では米国とは違う議論がなされている。

　2017年12月に，トランプ政権の下でFCC（米連邦通信委員会）は，

透明性の確保は一定程度求めつつ，「ブロッキングの禁止」，「スロットリングの禁止」，「有償または関連会社への優遇措置の禁止」といったオバマ前政権時代に決めた「ネットワーク中立性」に関連する規制の撤廃を決めた。これにより通信事業者やネット接続会社は，消費者への説明責任を負いながらも，特定サイトへのアクセスを高速化するような施策を取りつつ，一方で別のウェブサイト，コンテンツ向けの通信を遮断したり，アクセスの速度を遅くしたりできるようになった。

逆にいえば，そうした以上は，通信回線のキャパシティを広げるための資金負担は，通信事業者やISPが持つことになる。

わが国では，引き続き，より公平な姿勢が求められている。

2006年から2007年に開催された「ネットワーク中立性についての懇談会」では，①消費者がコンテンツ・アプリケーションレイヤーに自由にアクセス可能であること，②消費者が技術基準に合致した端末をネットワーク（IP網）に自由に接続し，端末間の通信を柔軟に行うことが可能であること，③消費者が通信レイヤーおよびプラットフォームレイヤーを適正な対価で公平に利用可能であること，の３点が取りまとめられた。

しかし，そうなると，肝心のコスト負担も通信事業者やISPにだけ負わせるわけにはいかなくなるので，まずはトラフィックを減らすための技術検証を続けながら，関係者がコスト増についても公平に負担すべきことになるため，その公平性の基準について検討されてきた。

その後もトラフィックの増加は止まらず，むしろさらに増加していくことが間違いなくなり，新たに2018年10月から「ネットワーク中立性に関する研究会」が開かれることになった。

研究会の中間報告が2019年の４月に出されたが，基本的な論点は，技術的な対処によりトラフィックの増加を緩和するといった点が強調されていたように思う。

肝心の公平なコスト負担については，今後の検討課題として，解決を見ていない。

　そこが一番難しいところだと思うのだが，例えば，日本に通信会社がNTT 1社しかなければ，そこにかかる負担を，当事者であるNTTも含めて，誰にどれだけ課していくのかを計算することは容易である。

　それはISPについても同じことだが，実際には非常に多くの大小入り乱れた事業者が関与しているだけに，簡単には解決しようがない状況にある。

　また，通信側だけでも，それだけ多くの事業者が関与しているだけに，それぞれを使っているユーザーにも，どういった形の負担を課せば良いのか決めにくいし，コンテンツ事業者についても全く同じである。

　さらにいえば，通信事業者およびISPの判断で自社の擁するユーザーに対して，値上げをしていくという考え方もある。しかし，通信側での競争が激しくなっている中で，安易に値上げを断行しようものなら，価格競争になっていき，低価格でインターネットを提供する事業者に乗り換えられるだけである。

　どの事業者も値上げは不可欠であると考えていると思うが，価格競争にならないようにと相談して適正価格を算出するわけにもいかない。

　むしろ，大手で体力のある事業者が自らISPも兼ねながら，通信回線を自力で，たとえ赤字になろうとも，現行価格のままトラフィックの増加に対応していくような形の競争が始まろうものなら，周辺の事業者を皮切りにユーザーを自社に乗り換えさせることを最優先にするようなケースが出てきてもおかしくない。

　これは他の業態では決してめずらしいことではなく，性能に大きな差がない商品について，とにかく徹底した値下げを行い，その競争についていきようがない事業者が脱落していくのを待つものである。業界の中

で競争相手がいなくなってから値上げをしても，もはや競争相手はいないので，事業採算を少しずつ持ち直していこうという寸法である。

そのようなことをしたら独禁法違反になるのではないかと考える人もいるかもしれないが，そもそも自助努力によって商品の値下げを行うことを禁じる法律などない。

競合事業者が勝手に市場から脱落していったからというだけのことで，商品の値下げをした事業者が責められるようでは，誰もユーザーに安く使ってもらうための努力をしなくなってしまう。

ソサエティ5.0を産業革命と称している役所は，産業革命という以上，旧来型の事業は立ち行かなくなり，一時的に失業者が増えるが，その人たちが新規事業の働き手になるという理屈を述べているわけだから，廃れていく企業と急成長していく企業が出てくることは当然だといえるだろう。

大手通信事業者がその手を使えば，真っ先にケーブルテレビ事業者は倒れていく。地方局の統合淘汰は当たり前だといっている役所が，ケーブルテレビはそうではないとはいえないだろう。

通信業界には大手事業者が1社や2社ではない。1社で業界を牛耳るまで値下げをしながら，トラフィックの急増に対応していく事業者が出てくるとは思えない。

移動体の世界では5Gの登場があり，一見すると何の問題もないように見えるが，膨大な数の基地局が必要になるし，基地局と基地局の間は光ファイバーで接続されている。

固定回線だけの問題では済まされず，逆に5Gもその実力をなかなか発揮できないことにもなりかねない。

（4）コスト負担については未解決

　また，ネットワーク中立性の議論のうち，引き続き発生し続ける投資を誰が賄うのかといった問題は，全体の中の一部の課題でしかない。

　アクセスの公平性といった問題1つをとっても，海賊版サイトをどのように撲滅していくのかといった議論も大きい。

　常に出てくる「公平」というキーワードが，いろいろな局面で解決を難しくしている。米国のように，そこに政府はタッチしないから，勝手にやってくれというのに近い解決を図ってしまう国もある。

　そもそも，インターネットはワールドワイドな世界である。FacebookのようなSNSもあれば，Netflixのような動画配信サービスもあるが，彼らは世界を股にかけて事業展開しているのであり，サービス展開する国ごとにルールが違っているということでは，それが支障となってくる。

　中国のように，Netflixは追い出しておいて，アリババやテンセントといった巨大企業を国内で守りながら育成していく国まである。巨大化したところで新興国に進出していくモデルであるが，米国が何をいっても，どこ吹く風でしかない。

　そもそも，インターネットというワールドワイドの世界の中で，日本国内だけ公平なルールを作ることが可能なのかという疑問が持たれるのは当然のことだろう。

　少々の値上げが行われたとしても，それだけ高機能化しているのだと考えれば，納得のいく話ではあるが，少々の値上げだけで対応していけるのかということと，その値上げ額をいくらにすれば公平なのかという問題に突き当たってしまう。

　ただし，トラフィックの急増を放置していたら，未来社会の構築にインターネットの手を借りようと考えているすべてのプランが行き詰まっ

てしまうことになる。

　逆にいえば，よくもこれだけ体力の違う企業がインターネットに関わってきたものだと驚かされるくらいである。おそらく，ここまでトラフィックが増えるほど使うものではないと考えていたのだろう。

　ケーブルテレビ業界には，今もそう考えている事業者が非常に多く見られる。楽観的といえばそれまでだが，これだけ環境の激変が見られるようになってきても，黙視したまま見過ごして済むと考えていたら大間違いである。

　コンテンツの事業者はトラフィック増の原因にはなっても，それを解決するための資金を拠出するつもりはない。ユーザーから受け取った利用料を原資として，さらに魅力的なコンテンツを作るべく努力しているのだといわれると，日本だけがコストの負担を求めることは難しい。

　米国や中国では，相手を攻撃し合いながらも自国から巨大事業者を生み出しているが，日本からは海外展開まで視野に入れた事業者は出てくる気配はない。

　今のところ明快な答えを見出せずにいるが，そうこうしているうちに体力の劣る事業者が倒れていき，解決しやすくなるのを待っているとも思えないだけに，先行きが見えないままで良いのだろうかと思うばかりである。

(5) SVODはトラフィック増を招く

　VODサービスのビジネスモデルとして世界の趨勢ともいえるのが，定額見放題のSVOD（Subscription Video on Demand）である。定額見放題の魅力を増すために，見放題の対象となるコンテンツの数は多ければ多いほど良いと考えられる傾向にあり，テレビドラマ，映画，アニメなどさまざまなジャンルのコンテンツが網羅されている。

ただし，定額で大量のコンテンツを見放題とすることから，基本的には新作コンテンツは含まれないのが一般的である。

　日本で展開されているサービスも，月額は500円から1,000円程度といった料金で，数千本から数万本といったコンテンツが用意されている。新作の場合には，コンテンツを提供する側からしても，制作費を回収するところからのスタートとなるため，1本当たり1円にも満たないようなサービスに提供することはあり得なくて当然である。そういう意味では，どうしても旧作の映画が定番のコンテンツとなりがちである。

　Netflixの強みは，SVODであるものの，自社の新作オリジナルコンテンツは，たとえ制作費が150億円もかかろうと，旧作と同様に見放題となっていることであるが，こうした事業者は例外に近い。

　もっとも，旧作の映画であっても，テレビ放送に編成されると，その都度，一定の視聴率を獲るような作品は，SVODのコンテンツとして提供されにくい。

　つまり，もう期待していたとおりの回収は済んでおり，今後にそれほど多くの売上げは想定できなくなった映画で，コンテンツの数を揃えるうえでは手頃であると見込まれるものが，SVODコンテンツの中核をなすことになるのである。名作であっても，ここ10年程度の注目のされ方を見て，もうそう多くの売上げが見込めなければ，定額見放題の対象となるわけである。

　OTT系に限らず，VODサービス自体が，そう長い歴史を経たものではないことから，今もなお，コンテンツとしての向き・不向きといったことよりも，定額見放題のSVODの場合には，まずコンテンツの数が多いことが強調されるばかりである。

　全く見られていないものは外されていくはずであるが，コンテンツの数の多さを売り物にしている以上，そのラインナップが大きく変わるこ

とは考えにくいように思えてならない。

　いくら見放題であろうとも，数千本ものコンテンツをすべて見る人はいるはずがないが，コンテンツの好みも人それぞれであることから，数千本から数万本もの規模で用意をしておけば，その中に自分の好みのコンテンツもあるはずだと，ユーザーに思わせることが重視されていることは間違いない。

　しかし，視聴履歴から得られるデータとして注目されるのは，旧作の映画コンテンツを視聴する人は大勢いるものの，その中で非常に多くの人たちが，冒頭の5分から15分くらいのところで見るのをやめてしまうといった傾向が見られることである。

　どれだけ名作といわれる映画を並べても，冒頭の5分から15分のところが，目を離せないほど面白いといったものは少ないに違いないと思われる。

　映画館で見るからこそ，わざわざ足を運び，1,800円もの料金を払ったのだからという思いもあり，冒頭の部分が少々退屈であるように感じても，最後まで見ることによって，その映画の良さに触れることができるというケースも多くあるはずである。

　1,800円という料金を支払い，大勢の知らない人たちの中の一員として，座席に腰かけて映画を見るのと，月額定額見放題で，数千本も数万本もあるコンテンツの1つとして，自分の好きなシチュエーションで映画を見るのとでは，あまりにも条件が異なることを忘れてはなるまい。

　SVODのユーザーからしてみたら，そうした違いは承知したうえで，コンテンツを選んで見ているのだから，たとえ途中で見るのをやめてしまおうとも，映画の見方が正しいとか間違えているとかいわれる覚えはないわけである。

　そうした事情は視聴履歴を見て明らかになったようだが，テレビ放送

のゴールデン帯に放送される映画が圧倒的に減ったこととも無縁でないように思う。放送される映画に関心を持って見始めたものの，冒頭の部分が退屈に感じられ，チャンネルを変えてしまう人も多かったのかもしれない。

　もちろん，高視聴率をマークする映画は今もあるが，その数が減っていったことにより，映画の放送機会がなくなっていったのは，今のように全般的に視聴率の低下が指摘されるよりも前のことであったように思われる。

　無料で見られる地上波放送であろうと，映画を見るのなら，最後まで我慢強く見ろといわれても無理がある。毎年多くの作品が封切られるが，その中でヒットした作品を選んで放送していたはずである。それなのに，最後まで付き合いきれないということで，途中で見るのをやめてしまう人が多かったことが，放送される機会をなくした原因であったとすれば，ヒットしたものも，そうでないものも含めて，膨大な数のタイトルを並べられたら，同じように冒頭の部分だけで飽きてしまう人が多くなるのは，やむを得ないように思えてくる。

　そう考えてみれば，SVODのコンテンツとして，数が多過ぎることで，逆にコンテンツの価値が損なわれていることに気づいているサービサーがどれだけあるのかと首を傾げたくなる。

　そうした視聴状況には無頓着のまま，見放題のコンテンツの数ばかりアピールしているようなSVODサービスに，将来的な成功が約束されているとは到底思えないのである。

　今はまだ，SVODサービスが成り立っている最大の理由は，休眠会員が多いことに尽きるといえるのかもしれない。しかしながら，コンテンツの数だけを用意して，いろいろなジャンルの中でも映画は欠かせないといった程度の安易な考えでラインナップしている事業者が多いせいで，

■ SVODの強みは休眠会員

「SVOD= 月額定額見放題」は、VOD のビジネスモデルとしては、世界的にスタンダードであることは間違いないが……

「単品買い」よりも得をするだけの数を見ているユーザーがどれだけいるかは大いに疑問

結果として見ないまま終わる「録画」と同じことになるだけ

定額見放題という言葉はユーザーの安心感を誘うことから、「いつでも好きなだけ見られる」と安心して、全く見ないユーザーが多くなる

休眠会員となるのはユーザー側の問題であり、サービス提供事業者が責められる筋合いにはないが、気づいて解約する会員数と新規に増える会員数をバランスした水準で、会員数の伸びは止まることになる

新規の会員数を増やすため、注目を集めることをすると、寝た子を起こすことになりかねないジレンマ

何もしなければ新規のユーザーは増やせない

休眠から覚めて解約する人は、一定の数は確実に発生してくることから、新規を増やすには、携帯ショップでのプリインストールが物をいうことになりがち

加入したばかりの人が，お薦めの映画を何本か見て，途中でやめたまま休眠状態に入っていくという傾向を生み出しているのではなかろうか。

（6）休眠会員が減ることは良いことだが

SVODではなく，視聴の都度課金されるTVOD（Transactional Video On Demand）であれば，新作の映画もそろえられることから，1本数百円といった料金で映画を見せることも可能になる。見放題のコンテンツと，1本あたり数百円を払って見るコンテンツでは，ユーザーの心理面からすれば大違いであるため，映画館に行くほどではないにせよ，少しはそれに近い効果も発揮されてきてもおかしくはない。

冒頭は少々退屈であったけれども，最後まで見たら面白かったと思うユーザーは，次の作品を選ぶときにもそういうマインドで臨むことになるだろう。TVODであれば，そういう効果が期待できるうえに，対価が相応であることから，新作もラインナップできる。休眠会員になられたら困るといった思いもあり，少しでも見てもらおうといった工夫が働いてくることになる。

理想的なビジネスモデルは，SVODをベースとしながらも，追加料金を払うことになる前提でTVOD的なモデルも付加するのが良いと思うが，まだまだ少なく，世界の趨勢に倣ってSVODモデルのサービスが多い。

スマホやタブレットでの視聴を前提と考えれば，SVODコンテンツとして相応しいものは，ジャンル的にも，尺の長さからいっても，映画がメインではないことは明らかである。アニメなどが強いことは間違いなかろう。

誰も見ないようなコンテンツも含めて，とにかく数ばかり多くラインナップしておき，それが見放題であるという魅力は捨てがたいという思

■ TVOD ならではのコンテンツ勝負

ハリウッドをはじめとして、新作は SVOD に提供しない

Netflix も SVOD であるため、米国内でも新作は配信できなかった
自らオリジナルコンテンツを作って、旧作ばかりでないことを印象づける必要があった

「定額見放題」の料金体系からは、新作に見合った対価が期待できないためであり、世界の趨勢である SVOD の最大の弱点となつている

日本でも TVOD のサービスは少ないため、
数ある SVOD とコンテンツで勝負できる

見た分だけ対価が発生するので、請求書が心配でたくさん見られないと考えられがちだが、全く見なければ対価は発生しないため、実際には SVOD より安く済むケースが大半であろうと思われる

VOD に不慣れな日本では、SVOD のほうが加入
しやすいこととのバランスを取る必要がある

SVOD をベースとしながら、TVOD の要素も
取り入れたモデルが今のところのベストか !?

いを抱かせながら，加入者が眠りに入ることを期待しているようなサービスが，いつまでも主たる事業者として数えられていること自体があってはならないことのように思われるのである。

　カラオケの1曲と映画の1本が同じカウントになって，とにかくコンテンツの数の多さをアピールしていることからして，本来なら表示の仕方に問題があるといわれて然るべきであろう。

　映画コンテンツへのニーズは新作に限らず，旧作についても強いものがある。そういう意味では，旧作も含めて，映画についてはTVODで提供することとして，その数を多くしていくことが親切なのではなかろうか。

　それだけでは成り立たないということで，SVODの部分を設けるとして，SVODのサービスも享受してもらおうと考えるのであれば，コンテンツのジャンルや尺についても勘案していくべきだと思うのである。

　いつまでも休眠会員頼りのビジネスをしているようでは，強力な資金力を誇る外資が本気になって低価格競争を仕掛けてきたときに，全く立ち向かえなくなってしまうように思われる。見てもらうための工夫を凝らす姿勢は不可欠であり，個人情報とは無縁のレベルでの視聴履歴の分析が欠かせないのではなかろうか。

　とはいえ，SVODも動画配信の1つの形態に過ぎないことから，トラフィック急増の大きな原因になっていることは確かである。休眠会員が減少していることは，dTVが一時は500万加入を超えていたのに，今はその半分にも満たないほど加入者を減らしてしまったことからも明らかだ。お金を払っている以上，見たほうが良いのだが，インターネットのキャパシティがそれによって窮屈になっているのも事実なのである。

（7）配信事業者が乱立する日米で異なる現象

　マーケットサイズに比べて，動画配信事業者が多過ぎることについては，日本も米国も変わらない。同じようなサービスを提供する事業者が乱立していては，マーケットの成長を止めることにしかならない。

　どのサービスも帯に短し襷に長しということでは，ユーザーはどのサービスを選んだら良いのか決めかねてしまい，決して急いで決めねばならないわけではないだけに先送りにしてしまう。結果としてマーケットは拡大しないことになる。

　米国にも300近い動画配信事業者がいるそうである。これは，明らかに日本のほうが少ないと思われる。

　しかし，動画配信マーケットは，明確に数値で図りかねるものの，間違いなく米国のほうが圧倒的に大きいと思われる。

　その理由は簡単であり，米国にはNetflix，Amazon Prime Video，米国Huluという３大巨人がいて，事実上，この３社でマーケットの大半を占めているからである。

　2017年度末の時点で，それぞれの米国内の加入者はNetflixが5,500万人，Amazon Prime Videoが約4,000万人，Huluが約2,000万人という規模に達している。Amazon Prime Videoは動画サービスを利用していない者が含まれるので，あくまでも推計でしかない。

　また，米国Huluはディズニー傘下に入ってしまったので，今後の伸び率がどうなっていくかは不明だが，ディズニーがNetflixとの契約を打ち切っただけに，最低でもその分は伸びると考えて間違いないだろう。

　重複して加入している人もいると思われるので，３社の合計数を出しても意味がないのだが，それでも膨大な数に及ぶことは間違いない。また，合計300社といっても，この３社の合計数にあまり影響を及ぼすとは考えられない。

日米の違いは国土の広さの違いであるが，人口自体は，米国は日本の2倍程度である。

　日本の動画配信サービスに加入している人と比べても，おそらく合計したところで，全く比較の対象にならないことは明らかである。

　日本では，同じ規模の事業者がバラバラと存在している感が強く，有料サービスを行っている事業者で，多くの加入者を集めているのはドコモのdTV（旧dビデオ）と日テレ子会社のHuluの2社程度であろう。

　dTVは，一時はレ点営業だと批判されたものの，500万加入を大きく超えたところまでいったが，最近は休眠会員の減少にともない，200万台にまで減少してしまったといわれている。逆に，日テレHuluは着実に加入者を伸ばしており，最初の目標である300万加入を達成するのも時間の問題だと思われる。

　同業者が乱立することにかけては日米に違いはないのだが，日本には米国のような巨大なガリバーがいて，そこが市場を牽引していくという構図は見られない。

　おそらく米国の3社の数字を見る限り，国内市場は飽和しつつあるだけに，海外に打って出ているところなのではなかろうか。それと比べると，日本のほうは，今のレベルでマーケットの成長が止まってしまうようでは，それこそ米国勢が日本でも覇権を争うことになりかねない。その結果として日本のマーケットが広がるようでは，あまりにも残念である。

　コンテンツを調達するにしても，加入者数の多いプラットフォームには強力なバーゲニングパワーが働くことになり，現時点の加入者の多寡というのは，今後の加入者の伸びにも影響してくることになる。

　しかしながら，今の日本の状況は，まさに同規模に近いサービスが乱立しているに過ぎず，まず第一歩としての1,000万加入を獲得する有料

事業者が登場してくるとすれば，それこそ合併・統合が不可欠になってくる。

　TVerは1週間以内なら無料でキャッチアップできるサービスだが，やや比較の対象とは異なると思われるが，有料TVerというものが結成されれば，コンテンツ制作に長けた放送事業者の合同サービスとなるため，加入者数を多く抱える存在になっていくことは期待できる。

　ただし，あくまでも普段は視聴率等で競争している事業者の集まりになるため，コストや収益の配分について，簡単にまとまるとは思えない。日テレHuluも自力で日本のトップクラスまで来た経緯にあることから，それをやめて有料TVerに参加するというのは，かなり高度な経営判断を要することになるだろう。

　米国の巨人3社は，重複を計算したとしても加入者は1億人を超えており，家族の誰かが加入していれば全員が視聴できるということを考えれば，米国民全体のうちどれだけの世帯で見られているのかに驚かされる数字である。

　それだけの数字を取っていれば，さすがに自ら投資して構築した回線を土管として使われている通信事業者が大手配信事業者を訴えて出ようと考えるのも無理のないことかもしれない。

（8）日本にもガリバー的な配信事業者があれば

　日本では，Huluは日テレの子会社となったが，NetflixもAmazon Prime Videoもシェアを伸ばしつつあるし，ディズニー・デラックス，Apple＋も参入してくることが予定されている。

　今さら，それに負けないようなプラットフォームが，日本でも出てくることは考えられないが，日本では日本製コンテンツが最も加入者数を増やす契機となることは，米国勢もよく分かっているので，そこに注目

していく手はある。

　日本の放送事業者のみならず制作会社にとっても，コンテンツ制作を請け負うことが大きなビジネスにつながる。それを逃す理由はないと思われる。

　ただし，日本人がNetflixやAmazon Prime Videoを視聴すればするほど，その分だけテレビ放送を見る時間が削られることは間違いないだけに，敵に塩を送るだけだという指摘にも肯定し得る。

　そう考えれば，自社のVOD事業を強くしようと思うのは当然のことになるが，日本において売れるコンテンツは，そのクールに放送されているドラマの見逃しか，オリジナルコンテンツである。

　NetflixやAmazon Prime Videoでは，日本製のオリジナルコンテンツを制作するにあたって，これは受けると思われる企画ならば20億円でも30億円でも出す用意があるといわれている。日本国内での加入者増に加えて，それが海外でもヒットする可能性があるからである。

　ただ，日本では，最大の制作予算を持つ放送事業者ですら，20億や30億をかけたコンテンツは作った経験が少ないのではないかと思う。もちろん，それはこれまでの経緯によるものであって，本気で取り組んでも作れないということとは違うように思う。

　コンテンツの性格にもよるが，高い制作費を使ったからといって，面白いものができるとは限らない。20億や30億もかけたコンテンツを作る機会に恵まれれば，それに応じていくのは当然のことだが，日本の連続ドラマの話数や，制作費の平均レベルで作っていっても，日本国内では十分に外資の大手配信事業者と伍していける力はあるはずである。

　外資にとっての制作会社になるのも良いが，やはり動画配信サービスとして，日本でもスケールの大きな会社を作るべきであり，そのためには合併・統合によるしかないように思われる。

　地上波民放系は，なかなか1つにまとまることは難しいかもしれないが，それができれば，資金力的にもコンテンツのレベル向上にも寄与することは間違いなく，最初の目標である1,000万加入を目指すことも可能であるかもしれない。

　日本では，再編や統合というと，自社単独では生き残れなくなったからといったマイナスのイメージが強いが，それは時と場合によって使い分けるべきである。

　日本の地上波では，ゴールデンタイムには新作が並ぶところが米国との大きな違いであるとすれば，新作とはオリジナルコンテンツのことに他ならないだけに，それをラインナップしていくことも可能なはずである。

　別に，動画配信事業は米国勢に任せておけば良いのであって，そこまで日本の事業者が伍していく必要はないといってしまえば，それだけの話ではある。しかし，日テレHuluが国内ナンバーワンの加入者数を誇っており，まだNetflixをも上回っていると考えられるだけに，NetflixやAmazonの資金力を利用して配信コンテンツを制作していくとの考え方も決して間違えてはいない。ただし，契約に長けた米国事業者だけあって，どこも制作資金を出す以上は，日本にはないようないろいろな制約をかけてくる。それは当然のことだと考えるべきである。

　ネットワーク中立性のように，米国では5,500万人もの加入者を抱えるところには請求しやすいが，それほどの数には到底いかないような事業者が乱立しているようでは，日本の通信事業者も公平に資金を徴収しようがないだろう。

　日本でも，通信事業者がインターネットの増強のための資金を請求しやすいような大手事業者が出てくるべきである。それは通信事業者のためにいっているわけではない。

日本の国内マーケットを牽引し，そこから得られる収益が日本の事業者に多く渡るようになるためにも，大同団結の精神は必要なのではなかろうか。

（9）外資系大手配信事業者との契約に注意を

　地方局が危ないから再編すべきだという声が強まって以来，地方局もコンテンツ制作を活発化している。広告収入で回収するのが難しければ，前述したように，AmazonやNetflixの出資を受けて作ることもあり得る。それがまたトラフィック増につながっていくのだといわれても，自らの存在意義を示していくうえではコンテンツ制作は避けられない状況にある。

　AmazonやNetflixといった外資系配信事業者にコンテンツを提供する際には，国内で行っていた以上に細心の注意を要する。

　例えば，基本的に，彼らは「buy out」での契約を求めてくる。これは制作資金を出す以上，当たりの前の要求といえる。「buy out」で契約すれば，著作権は外資のものになる。ただし，まだまだ認知度が低いせいか，著作権を無理に確保しようとは考えないケースもあるようだ。

　「buy out」とは，文字どおり売り切りである。これで契約をしてしまうと，説明上，コンテンツAという名称を使うことにするが，コンテンツAが予想していた以上に爆発的なヒット作になったとしても，コンテンツAの制作者には追加では1銭も入ってこない。

　あくまでも手にするのは最初の制作収入のみである。おそらく，コンテンツ制作者もそれ程の大ヒットにはならないだろうと思い「buy out」で契約してしまうのかもしれないが，ヒットするかどうかが事前に読めないのがコンテンツの世界である。

　また，配信事業者からすると「buy out」で契約したほうが間違いな

く有利であるため，契約時にはその形態を採ることを強く希望してくる。資金力のある大手配信事業者とは長く付き合いたいと思うからか，ここでの攻防は後々，大きな差が生まれる原因となる。

　「buy out」にはせず，コンテンツＡの著作権は，制作者側が取れるようにしてくれるケースもあるようだが，コンテンツの種類にもよるとはいえ，パッケージの市場も縮小を強いられている中にあって，留保された著作権で稼いでいくことは簡単ではない。グッズで儲けるという手はあるが，それも限られたコンテンツについてのことでしかない。

　配信事業者側は，「buy out」でなければ制先資金を出さないと強気の交渉を仕掛けてくるが，それは日本においてではなく，ハリウッドのメジャースタジオに対しても同じ姿勢であり，決して日本のコンテンツ制作者がなめられているわけではない。

　ただ，ハリウッドもコンテンツに対して，売れるだろうと相当の自信を持つところが，「buy out」でない契約をして，配信してみたら大変な大ヒットを記録し，その大ヒット分の利益配分を受けることで巨額の利益をあげている例もある。

　そういう制作者は，その実績も評価されたうえでのことかもしれないが，その後も「buy out」での契約に応じない姿勢を採れるようだが，それでも配信事業者側からは「buy out」で契約したいというところから交渉が始まるようである。

　米国でディズニーがNetflixとの契約を解消したのも，「buy out」の要望が煩わしくて仕方なかったからだともいわれている。ディズニーからすれば，Netflixがディズニーのコンテンツで稼いだ資金を原資としてオリジナルコンテンツを制作し，そこでも儲けているNetflixのビジネスモデルを容認できないと考えたからに違いない。

　制作者側で企画の根幹から一緒にやるのであればいろいろと権利交渉

■「Buy Out」は当たり前

「buy Out」とは文字どおり、売り切りである。これで契約をしてしまうと、制作したコンテンツが予想していた以上に爆発的なヒット作になったとしても、コンテンツの制作者には追加では1銭も入ってこない

①配信事業者側は「buy out」でなければ買わないと、強気の交渉をしかけてくるが、それは日本においてではなく、ハリウッドのメジャースタジオに対しても同じ姿勢であり、決して日本のコンテンツ制作者がなめられているわけではない

②ハリウッドもコンテンツに対して、売れるだろうと相当の自信を持つ。ところが、「buy out」でない契約をして、配信してみたら大変な大ヒットを記録し、その大ヒット分の利益配分を受けることで巨額の利益をあげている例もある

米国でディズニーが Netflix との契約を解消したのも、「buy out」の要望が煩わしくて仕方なかったからだともいわれている。ディズニーからすれば、Netflix がディズニー等のコンテンツで稼いだ資金を原資として、オリジナルコンテンツを制作し、そこでも儲けている Netflix のビジネスモデルを容認できないと考えられたからに違いない

はできるのだが，グローバルスタンダードを盾に強気の交渉で臨んでくるので，配信事業者もなかなかそういった権利は渡さないのが実情である。

(10) ファーストルック権にも要注意

　また，外資の大手配信事業者は，「ファーストルック権」も獲得することを契約時の常としている。

　「ファーストルック権」というのは，コンテンツＡの制作者が，コンテンツＡの続編を制作しようと考えたときに，最初にコンテンツＡを提供した配信事業者に今後は提供したくないと思っても，勝手に続編を制作して他の事業者に提供することはできないというものである。

　つまり，コンテンツＡについては常に優先的に提供しなければならず，その「ファーストルック権」についても，最初の契約時における交渉次第ではあるが，「buy out」と同様に力関係で配信事業者側に取られてしまうことが多い。

　コンテンツＡについて，「ファーストルック権」を取られてしまうと，コンテンツＡの続編を作る際に，まず相手の配信事業者にお伺いを立てて，配信事業者側がコンテンツＡはあまり売れなかったので続編は要らないといわれて初めて，続編を制作して他の配信事業者に売れるようになる。

　どうしてもその配信事業者とコンテンツＡに関するビジネスを続けたくないとすると，もうコンテンツＡの続編はもちろんのこと，タイトルを変えただけで中身は続編に見えるようなコンテンツは作らないという方法しか残されていない。

　逆に，配信事業者側が是非ともコンテンツＡの続編を提供してほしいといってきたら，そのときこそ諸条件を見直すチャンスになり得る。そ

れだけでなく，新たな企画を持ち込んで，その制作資金を拠出してもらい，なおかついろいろな優先権を外してもらう交渉をすることができる。

　要は，強いコンテンツを持っていれば，最初は強さも分からないことから優先権を獲られてしまうが，その強さを配信事業者側も認め，続編を作ってほしいといわせるかどうかが鍵になるということだ。

　ファーストルック権は，典型的な優先交渉権契約に基づくものであるが，ある一定の期間に限るという契約が普通である。しかし，そこに「buy out」の権利をセットにすることで，期間の制限が外れてしまうのである。

　日本の制作会社は，放送局も含めて，あまりこうした権利を得るべく交渉してきた経緯にないと思われるが，AmazonやNetflixのような巨額の資金力を擁する配信事業者が日本でのビジネスを開始するようになって，強く意識されるべきだと認識されるようになったのである。

　「カネにモノを言わせて」といってしまえばそれまでだが，決して不当な交渉条件ではなく，彼らからすると必要不可欠な権利である。既存のコンテンツを買ってきて配信するだけでは，差別化することは難しい。魅力的なオリジナルコンテンツを1つでも多くラインナップしようとしたら，日本国内だけでも1,000億円程度は毎年のように投資する覚悟が必要であり，その資金を獲得しようと，次から次へといろいろな企画が持ち込まれるだけに，その良し悪しを見抜くべくプロデューサーも大変な作業になる。

　Netflixがハリウッドの敏腕プロデューサーを300億円の契約金でヘッドハンティングしたといわれているが，その契約金額が決して高いと思えないだけの「ヒットする企画を見抜く目」が見込まれたということだ。

　コンテンツの性格からして，ヒットするかどうかはリリースしてみないことには分からないことは事実だが，年間1,000億円程度の予算をい

■ 注目すべき「ファーストルック権」

コンテンツ A の制作者が、コンテンツ A の続編を制作しようと考えたときに、最初にコンテンツ A を提供した配信事業者には今後は提供したくないと思っても、勝手に続編を制作して他の事業者に提供することはできない

① コンテンツ A について、「ファーストルック権」を取られてしまうと、コンテンツ A の続編を作る際に、まず相手の配信事業者にお伺いを立てて、配信事業者側がコンテンツ A はあまり売れなかったので、続編は要らないといわれて初めて、続編を制作して他の事業者に売れるようになる

② どうしても、その配信事業者とコンテンツ A に関するビジネスを続けたくないとすると、もうコンテンツ A の続編はもちろんのこと、タイトルを変えただけで中身は続編に見えるようなコンテンツを作らないという方法しか残されていない

ファーストルック権は、典型的な優先交渉権契約に基づくものであるが、ある一定の期間に限るという契約が普通である。しかし、そこに「buy out」の権利をセットにすることで、期間の制限が外れてしまう

かに無駄に使ってしまわないようにするかは，配信事業者にとっては死活問題であるからだ。

「buy out」のほうは，全くヒットしないものを買ってしまったら死蔵させておくしかないが，ヒットした作品については，優先的に配信権を得られるようにしておくことで効率化が図れる。

制作会社側が作るのをやめてしまうケースもあると述べたが，それができるのは強い制作会社であり，普通は続編も買ってもらえるということはありがたい話である。

ただし，ヒット作を生み出した制作会社が強気に出てくることは当然のように予想されるため，そこでいいなりにならないためにも，配信事業者が優先的な立場に立てる権利を確保しようとするのは当然のことだろう。

日本を始めとしてアジア圏には，まだ進出したばかりといって良い段階であるため，かなり知見は得ているといいながらも，米国市場におけるほどのユーザーの嗜好はつかみきれていないはずである。

そういう意味では，強力な配信事業者といえども，契約時に優先的な条件を相手に飲ませることは不可欠になるため，それに不慣れな日本制作陣営は後になって戸惑うこともあるようだが，そこはお互いに慣れの問題である。

日本国内勢としても，契約時には最新の注意を図っていくと思われるが，あまり頑なな姿勢ばかり見せて，肝心のコンテンツがサッパリ当たらないということでも話にならない。

ヒット作を作ってみせ，配信事業者側からも一目置かれるようになってくれば，巨額の制作予算を持つことから，手を組んでいく相手としては申し分ないので，自然と契約交渉もスムーズに進むようになる可能性はある。

　ただし，ディズニーが怒ってNetflixとの契約を解消してしまうくらい，配信事業者側も自らの利益確保に必死になっている状況にある。日本的な「なあなあ」の関係が築かれる日は来そうもないと考えて臨んでいくべきだろう。

(11) 最後は「公平負担」の問題に収斂される

　日本の地方局問題も統合淘汰の対象として議論されているが，地方局は4K，8K放送の開始とともに，コンテンツ制作を活発に行い始めた。かつては，コンテンツは作らないほうが，利益率が高まるなどと豪語していた地方局社長もいたが，段々と少数派になっていき，今はコンテンツを作ることによって本当の意味での地域からの情報発信を目指している。

　東京局から地方局の社長に就任した人は，地元についてもそれなりに知っているつもりであったが，着任してみて，あまりにも知らなかったことが多いことに驚くという。

　地域からの情報発信が足りないことを痛感すると同時に，やはりコンテンツ制作を行うことが地方局の存在意義を示すものだという使命感を持つ人が増えたということかもしれない。

　コンテンツ制作を行うには，コストを要する。そのコストを回収するのも大変であり，それが制作量を増やせない原因ともなっていた。在京局のように，大量に作っていればともかく，地方局が頑張って作るコンテンツは，1本1本が収支を問われることになるからだ。

　そうしたタイミングで登場してきたNetflixやAmazonの存在は大きい。彼らは巨額の制作資金を要しており，相手が放送局であれ，制作会社であれ，良い企画であると思えば，制作資金を出してくれる。

　もちろん契約条件などには厳しいものもあるが，制作資金を全額出し

てくれるところは大きい。制作資金に頭を悩ませていた地方局にとっては，格好の相手ということができる。

今は4K，8Kでコンテンツ制作することは珍しくなくなってきている。系列のBS4K局に売ってもいいし，同じく活発化しつつある海外展開についても，道が開けやすくなっている。

かつて，地方局がコンテンツを作っても出口がないといわれたものの，今ならネット配信もあると考えられていたのだが，ネット配信のほうはトラフィック増の問題に直面することになってしまった。NetFlixやAmazonのためにコンテンツを作ることは，まさに敵に塩を送るといわれればそれまでだが，地方局の活性化を実現するためには，最も即効性のある方法であることは間違いない。

何らかの形で解決していくことになると思われるが，地方局ベースでは当面のところ打つ手はない。そういう意味でも配信権を取りたい外資の配信事業者との組み合わせは，非常に上手くいく可能性を秘めている。それがトラフィック増につながるといわれても，一方で地方からの情報発信の必要性も増していることからすると，後者を優先して考えざるを得ないだろう。

インターネットの危機は，すべてコストの問題に収斂するといっても過言ではない。それも，固定回線の料金は定額で，次項で述べる携帯電話の料金は従量制になっているということも解決を難しくしているといえるだろう。

競争が激しい中で，従量制にすることは，競合事業者に乗り換えられる危険を秘めている。政府が全事業者に従量制を求め，定額制は禁止することにしても，本当は大半の国民には悪影響はないはずなのだが，そこまで強権を発動できるだけの力は期待できそうもない。

5Gが登場してくれば，何かが変わるという期待は大きい。ただし，

後述するように，それには10年単位の年月がかかってしまうように思え
てならない。

3　ケーブルテレビのFTTH化について

（1）最大の課題

　ケーブルテレビにとって，今の最優先事項は回線の高度化に尽きる。具体的にいえば，ユーザー宅までのラストワンマイル（最寄りの基地局から利用者の建物までを結ぶ通信回線の最後の部分で，物理的な長さではなく，通信事業者と利用者を結ぶ最後の区間という意味）も光化することが求められている。光化してもなお，トラフィック増の問題は残るのだが，4K，8K放送の再放送もスムーズに行われることが望まれる。

　ケーブルテレビにとっての稼ぎどころとしては，今のところ多チャンネル放送やインターネットサービスの提供が大きく，特に後者に力が入っているところである。

　しかし，ネットサービスは，少しでも安く，そして高速であることが求められるため，テレビ放送の再放送とは違って，少しでも油断していれば，簡単に他社に乗り換えられてしまいかねないほどのレッドオーシャンとなっている。

　そうした背景がある中で，放送サービスの高度化ということで，4K，8K放送の話が出てきて，それがBS放送，110度CS放送から発せられることから，BS放送についてはケーブルテレビによる再放送が普及のために欠かせない問題となっている。

　2016年の8月からNHKが8K放送の，2016年12月からA-PAB（The Association for Promotion of Advanced Broadcasting Services：一般社団法人放送サービス高度化推進協会）の4K放送の試験放送が始まった。試験放送の再放送も2017年3月からスタートしているが，2018年の暮れにスタートした本放送とは仕様が大きく異なることから，あまりに

短期間のための投資であるということで，多くのケーブルテレビは2018年の本放送に対応すべく準備していたのである。

　ケーブルテレビにとっての課題である回線の光化を実現させるためにも，4K，8K放送の再放送には真正面から積極的に関わる必要がある。もちろん，4K放送もスタート直後は，ピュア4K（4Kで撮った映像）のチャンネルは限られており，既存の2K放送のコンテンツをアップコン（アップコンバートの略：2Kで撮った映像を，4K映像であるかのように上位変換したもの）されるだけといったように，事実上サイマル（simulcast，simultaneous broadcasting：サイマル放送の略で，同じ時間帯に同じ番組を異なるチャンネル（周波数），放送方式，放送媒体で放送すること）に近い放送が多くなっている。さらに，2019年12月から，4K，8K放送がスタートしたが，そのすべてを再放送するべきかどうかといったことも問題になっている。

　しかし，ケーブルテレビにとって今は，4K，8K放送の再放送に取り組むために，回線の光化を行わねばならず，そこに国からの補助金が付いてくるという好機であることが重要である。

　これまでも，ケーブルテレビの回線強化について，総務省として補助金を付けるべく予算要求してきたが，財務省がなかなか首を縦に振らなかった経緯にある。

　しかしながら，全国の地上波放送の視聴世帯の5割強がケーブルテレビによる再放送を通じて視聴されているといった現実を見れば，単純にテレビ放送やインターネットサービスの提供者という立ち位置を越えて，国民生活を支える強力なインフラとして機能することが明らかになってきた。

　そこにタイミング良く，4K，8K放送の再放送といったミッションが加わることになったことで，ケーブルテレビの回線の光化を実現する

ための予算が確保されたということである。総務省は，2018年度の補正予算で15億円，19年度の予算で43億円，さらに19年度の電波利用料から52.5億円を確保した。

　大手MSOやそれに準ずるところは自力で光化に取り組み始めているが，全国的に展開されている各社からすると，補助金が付くタイミングを逃すべきではないだろう。

　また，NTTによる光サービス卸しを利用するのも一法であり，今のところはまだ大手通信事業者に対する警戒感が拭いきれないところもあるようだが，あくまでもNTTを利用するのだと割り切って，光サービス卸しを活用するところも増えてくることになるだろう。

　2016年の11月後半に，自民党の中でケーブル議員連盟が立ち上げられた。これも当然のことながら，ケーブルテレビの光化を後押しすることを目的としている。こうした議員連盟自体は以前から自民党の中にあったようだが，それが表だって活動し始めたのも，今が好機だという判断が共通化しているからに違いない。

　もちろん総務省としては，4K，8K放送の普及を促進するためという名目もあると思われるが，ケーブルテレビの光化により，地域の活性化，地域による情報格差をなくすことを期待している。

　大手は自力で回線の高度化を進め，中小は国からの補助金も使いながら，やはり回線を高度化していくことになるが，FTTH（Fiber To The Home：収容局設備から各ユーザー宅までのラストワンマイルにおいて光通信の伝送システムを構築し，広帯域（主に100Mbps‐10Gbps）の常時接続サービスを主に提供するものである）化が進んだ先のことを考えるうえでは，おそらく4K，8K放送のためだけに広がった回線を使うとは限らなくて良いように思う。

　また，戸建ての光化は取組みやすいものの，集合住宅については簡単

に解決するとは考えられない。それでも，戸建てや新築の集合住宅に
FTTHが当たり前のように導入され，それがとても利便性を高めている
という評判が上がれば，既存の集合住宅についても解決していこうとい
う機運が高まってくるに違いない。そこに後述するローカル5Gの問題
も絡んでくる。

（2）光化の先を考える

　今や，IoTも大きなテーマとして注目されているが，そのためには
もっと広帯域のインターネットが普及していかねばならない。日本は米
国などと比べてもブロードバンドが広く普及している国であり，今後も
その差を広げていくくらいの気構えが必要である。

　そのためには大手通信事業者だけに任せておくわけにはいかず，地域
に根差したケーブルテレビがその役割を果たしていくことが期待されて
いる。

　もちろん今回，補助金まで付いて，ケーブルテレビの回線の光化が進
められることにはなったが，コスト面でのハードルが下がったとは言っ
ても，実際に光化を実現させるのには結構な時間がかかる見込みである。

　4Ｋ，8Ｋの本放送が始まるまでに，できるところまでやっていこう
と考えても，相当に急ピッチな投資が不可欠であるのは間違いない。

　確かに，FTTH化の先にはネットの高速化といったことも進めていか
ねばならないとはいえ，まずは契機となった4Ｋ，8Ｋ放送の再放送が
行えるようにしていかねばならない。

　8Ｋの場合には，それに対応したモニターを搭載したテレビ受信機の
市販が，早くも2018年には始まり出した。まさに東京オリンピックに間
に合わせることが最優先であり，それまではパブリックビューイング
（public viewing：スポーツ競技やコンサートなどのイベントにおいて，

スタジアムや街頭などにある大型の映像装置を利用して観戦・観覧を行うイベントのこと）的な見方がなされるのみである。

そのため，4K放送対応のSTBを低価格化させるには，2018年の本放送開始から1年が経った今でも，8K対応の機能を搭載するところは限られていそうである。ただ，8K放送は本当に普及しないのかといわれれば，そうと断言することもできないだけの潜在的な魅力を秘めている。何よりもケーブル回線のトラフィックの増加も，インターネットほどではないが，もはや満杯に近い。

そうした見極めが重要になってくるとは思うが，残念ながら，回線のFTTH化についても遅々として進まないのが現状のようだ。

ネットの高速化も競争上は不可欠なので，FTTH化自身はいずれにしても取り組まねばならないテーマであったはずである。そこに国からの支援も得られそうだという状況になったことを考えれば，出遅れることは命取りにもなりかねないように思う。

ケーブルテレビ連盟も元総務省高官であった吉崎氏を理事長に迎えてから，非常に効率的かつスピード感のある組織に変わりつつある。

4K，8Kへの対応はもちろんのこと，かねてからの課題であった回線の光化であるが，1つの手段としてのNTTの光サービス卸しの利用など，論点も整理されてきている。これを好機にFTTH化を成し遂げ，その先にある難題にも果敢に立ち向かっていくことを期待したいところである。

（3）4K，8K放送はIPでないのでトラフィックに関係しないが

ドコモやAmazonが，これまでのSVODサービスに加えて，多チャンネルサービスをリニアチャンネル（インターネット経由で行われるストリーミング放送）として提供している。ただし，あまり本気で対応して

いるコンテンツ事業者は少ないところを見ると，市場としての魅力に欠けるからだろう。

単純にその分が純増となるのなら良いのだが，それはあまり考えられない。おそらく，これまでスカパーやケーブルテレビ経由で視聴していた人が，そちらに流れるほうが多いのではなかろうか。ましてIP（Internet Protocol：インターネットの通信規約）方式となることから，権利処理も必要不可欠になる。

今のテレビ放送は，RF（Radio Frequency：電波による放送の高周波信号）方式で行われていることから，IP方式で使う場合には，著作権者の許諾が必要になるのである。

ケーブルテレビ事業者にとっては，あまり歓迎すべき事態ではないように思われるが，今のケーブルテレビの経営者は，それよりもFTTH化にどう対応するかについてのほうが悩みは深いのではなかろうか。

幹線を光化するということではなく，各家庭までのラストワンマイルまで光化するということである。

ケーブルテレビも今やいろいろなサービスを提供している。特に通信サービスを強化しようと思えば，FTTH化は有効であることは間違いないが，個別の事業者が自力で取り組むにはあまりに大きなコストを要することから，そのタイミングや手段については悩ましいところだと思われる。

もちろん，NTT東西から光サービス卸しが行われていることもあり，それを受けるという手もある。実際に，それで解決させた事業者もかなりの数で見受けられる。

ただ，相変わらずの大手通信事業者への警戒という謳い文句も残っており，NTTの光回線を卸されることにすら抵抗を覚える事業者もいる。しかし，NTTに支配されるのではなく，NTTの回線を使ってやるのだ

という考え方にも立てる契約と考えれば，あまりにも古い考え方に固執するのはいかがなものかと思う。

　飯田ケーブルテレビが真っ先に導入した形を採れば，テレビサービスもとても利便性が良くなるし，それでいてコミュニティチャンネルは自社で運営することができる。

　FTTH化を実現させるためには，どうしてもコストがかかるため，少しでも抑えたいという考え方ももっともだと思うが，やらずに済ますことは難しいと考えれば，一気にやってしまうという飯田ケーブルテレビの覚悟のほうが正しい好事例といえるだろう。

　また，日本ケーブルテレビ連盟の尽力もあって，FTTH化のための国からの予算も確保できているようだが，全国に数多くあるケーブルテレビ事業者の成り立ちなどを考えれば，補助金に期待しているだけでは解決しないことは明らかである。

　もっとも，日本のテレビ視聴世帯の5割がケーブルテレビ経由であり，なおかつ，そのうちの5割がJ:COMであるものの，J:COMが自らFTTH化投資を行うと兆円単位の投資になるということで，J:COMも少しずつ着実に進めていくようである。

　もちろんJ:COMが少しずつしか手を付けないからといって，自分のところも手を付けずにいることが正しいとは限らない。なかなか踏み切れない言い訳としては，十分に説得力があるとは思うが，やはり自社の戦略は自社で決めていくべきである。

　ここまで述べてきたように，ケーブルテレビ事業者にとってFTTH化は大きな課題である。しかし，その契機となったこととして，2018年の暮れから始まったBSの4K放送を再放送できるようにという理屈は，ここに来て本当に正しいのかと首をひねらずにはいられなくなってきたことは確かだ。むしろ，ラストワンマイルを強化して，少しでもトラ

■ 飯田ケーブルテレビの事業モデル

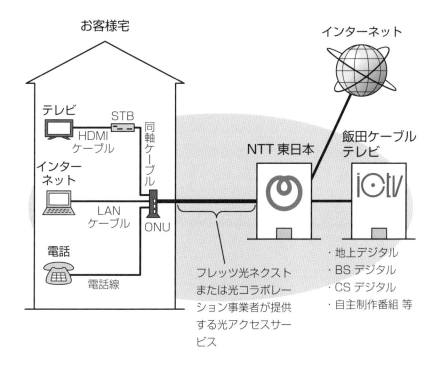

フィックの急増に耐えようというほうが深刻になりつつある。

　ケーブルテレビ経由で視聴する人は，コンテンツが地上の光回線で送られることから無縁な話であるが，アンテナを付けてBS放送，CS放送を視聴する人にとっては，左旋はまだまだ難題が多い。

　衛星放送はアンテナで受信するや否や，中間周波数帯を使って，屋内のテレビにつながる仕組みなのだが，左旋の場合はアンテナを変える必要があり，なおかつ中間周波数が電子レンジやWi-Fiと混信してしまうという問題がある。

　BSの右旋では，NHKと在京民放系のBS各社が4K放送を行っているが，その6チャンネルだけならば，無理にFTTH化をしなくても再放送はできそうだという事業者が多くある。

　BSの左旋からの放送を直接受信する人にとっては，まだ確実な解決方法が示されているとはいえない状況にある。そのうえ，BSの左旋で免許を受けたNHKの8K放送，WOWOW，スターチャンネル，ショップチャンネル，QVCの場合には，直接受信は難しい。特に，ショップチャンネルやQVCは，4Kならではの高精細な映像で商品を紹介できるので，今のところはケーブルテレビ経由で視聴してもらうことを期待しているように思う。

　現在，NHKを除く在京民放系BS各社の4K放送は，受信機の普及が進んでいないことから，それほど力が入っておらず，2Kのコンテンツをアプコンしているケースが多いといわれている。

　地上波とBS局は別会社であり，仮に地上波4K放送の実現が遠いものだと考えると，BS局の制作予算で4Kコンテンツを作らねばならなくなる。しかし，地上波局とBS局とでは，売上げも支出もゼロが2つくらい違うといっても過言ではない。

　つまり，BS局にとっては，4Kコンテンツを制作する予算は限られて

■ 衛星放送の右旋と左旋

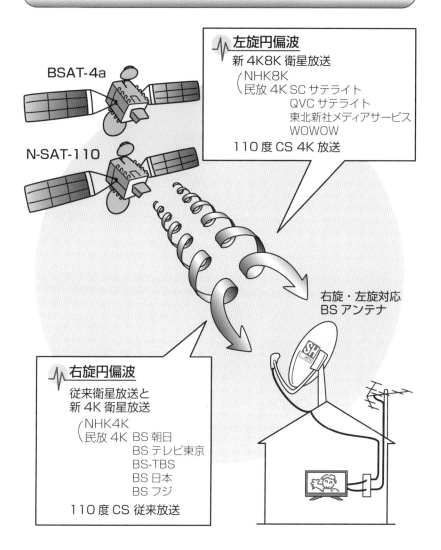

BSAT-4a

N-SAT-110

左旋円偏波
新 4K8K 衛星放送
（NHK8K
民放 4K SC サテライト
QVC サテライト
東北新社メディアサービス
WOWOW
110 度 CS 4K 放送

右旋・左旋対応
BS アンテナ

右旋円偏波
従来衛星放送と
新 4K 衛星放送
（NHK4K
民放 4K BS 朝日
BS テレビ東京
BS-TBS
BS 日本
BS フジ
110 度 CS 従来放送

いるということだ。その限られた予算で，４Ｋ放送市場を盛り上げてい
くだけのコンテンツを作れるのかと考えれば，なかなか難しそうだとい
うことは誰にでも分かることである。

　もちろん，４Ｋ放送市場をNHKだけに活性化させるのではなく，自
らが牽引してみせようという志があれば立派なものだが，志だけでは食
べていけないのも事実である。

（4）　４Ｋ放送がどこまで頑張るか

　2000年にBSデジタル放送がスタートしたときのことが思い出される。
あのときは2003年に地デジも始まるということで，今回の４Ｋ放送開始
時よりは好条件だったと思われるが，張り切ってBSデジタル放送に取
り組んだ各社は，その後，200億円から400億円近い累損を抱えることに
なってしまった。

　今でこそ，黒字化されたとはいえ，それは株主に泣いてもらって実現
したことである。あの経験を忘れてしまったのかと問われれば，誰もが
慎重にならざるを得なくなって当然であろう。まして，今回は地上波４
Ｋ放送の実験も着々と進められているとはいえ，それが決まっているわ
けでもない。

　地デジ化においてもそうであったが，画質が良くなったからといって，
スポンサー企業が広告費を積み増ししてくれることは期待しにくい。も
ちろん，景気動向自体は今のほうが圧倒的に良いといえるものの，その
分だけ広告費まで連動して上がることは期待しにくい。

　民放各社としては，まず地上波の広告収入を取り戻すことが第一であ
り，最悪期に比べればかなり向上したことは間違いないが，まだまだ手
放しで喜べる事態とは程遠いものがある。

　地上波の数字を上げることで広告収入を戻すことが道半ばであるとす

れば，BS4K放送の広告収入の心配までしていられる状態とはいえない
だろう。

　放送を盛り上げるには，当然のことながら良いコンテンツを並べるこ
とである。しかし，数多くのコンテンツを作り続け，そこに死屍累々の
山ができているところに，ようやくヒットするコンテンツが生まれると
いうのがコンテンツ産業の姿である。

　今のBS放送局に死屍累々の山を作りながら，その中からヒット作を
生み出していくだけの制作予算がないことは繰り返し述べたとおりであ
る。

　そういう形で，2018年の暮れに本放送が始まったことを考えれば，
ケーブルテレビ局としては，BS右旋の4K放送さえ再放送できれば，そ
れで十分ではないかとも考えられる。そこに加入者からのクレームが多
く寄せられることは，なかなか考えにくいのではなかろうか。

　あまりにもネガティブな考え方と捉えられるかもしれないが，そう
あってほしいかどうかは別として，ケーブルテレビ事業者の経営判断も
シビアになってもおかしくはないと思われる。

　単純にコスト負担に耐えられないというだけの理由でFTTH化に臨ま
ないのであれば，それこそいずれ大手通信事業者に侵食されてもおかし
くはないと思うが，設備投資を行う際には，そのコストを回収できるか
どうかも含めて，どれだけのリターンが得られるかも計算しておかねば
ならない。

　4K放送がどういう伸び方をしていくかは，今から決め付けてしまう
のは早すぎるかもしれないが，ここまで述べてきた事情を考えると，
ケーブルテレビ事業者としても，コストの投入時期については冷静な判
断が必要だということになるのではなかろうか。

　そして，繰り返し述べるように，回線の強化によりトラフィック増に

対応していくことが不可欠となっている。4 K，8 K放送は流れないうえに，インターネットは遅くて仕方がないということでは，せっかく5割の世帯がケーブルテレビ経由で地デジを見ているというところまで来た実績を大手通信事業者に奪われてしまいかねないことを常に意識しておくべきである。

（5）地域BWAとは

BWAとは，広帯域無線アクセスシステム（Broadband Wireless Access）の略で，公衆向け広帯域データサービスを行う「全国BWA」と，デジタルデバイドの解消，地域の公共サービス向上などのための「地域BWA」に分かれる。

その趣旨を受けて，サービスエリアも前者が全国を対象とするのに対して，後者は一市町村（社会経済活動を考慮し，地域の公共サービスの向上に寄与する場合は，2つ以上の市町村区域）と定められている。

地域BWAと聞いても，具体的なサービスが思い浮かばない人も多いと思うが，例えば，光化が困難なエリアにある家庭にもラストワンマイル無線を提供することができるようになる。室内で利用する無線LANとは異なり，屋外の基地局が半径1キロ程度の範囲をカバーする。5Gと絡めて集合住宅対策にもなる。

この帯域は，ソフトバンク（WCP＝ワイアレス・シティ・プランニング）とKDDI（UQモバイル）という全国BWAを行う2社に割り当てられた帯域の間にあり，双方がほしがっていた帯域である。

それを地方の公共情報サービスを充実させるべく地域割り当てとしたのだが，取得事業者が少ないのが現状である。主な事業者のほとんどがケーブルテレビ局であるが，積極的に活用している局はまだまだ少ない。

そこで，日本ケーブルテレビ連盟としては，何としても事業者を増加

■ 地域 BWA の対象地域とサービスイメージ

地域 BWA サービスの対象地域

○○市の一部

○○市

○○市の全部

○○市

××県の一部の区域

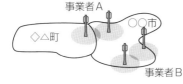

○○市の一部と◇△町の一部

事業者A

◇△町

○○市

事業者B

※一の都道府県の全部を
カバーするものは対象外

地域 BWA の端末例

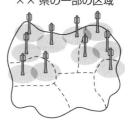

（据置型）　（可搬型）

ルータータイプ

アクセス装置
外付け型 PC

地域 BWA サービスイメージ例

地域福祉の
増進・貢献

基地局

端末

端末

端末

端末

【サービス内容】

地域の暮らし・防災情報の配信　　交通機関の運行情報
児童・高齢者見守り　　　　　　　商店街監視カメラなどの映像伝送
学校のネット利用　　　　　　　　条件不利地域の解消　　など

させ，契約者も増やしたいということで，全国の各支部に向けて活用を促しているところである。

　この地域BWAに関しては，見直し条項が規定されており，所用の期間を定めて，事業者の増加が見込めない場合は，全国バンド化を検討することとなっている。当初は，それが2018年一杯ということであったが，制度趣旨を全国の自治体に理解してもらうのにも時間がかかることから，同年7月5日に発表された電波有効利用成長戦略懇談会の報告書では，2018年から3年程度は猶予されることになった。

　地域BWAの最大の強みは，携帯電話業界で標準的な2.5GHz帯バンドでLTE技術が使え，地域のニーズごとに，自由度の高いネットワーク設計に基づくサービスが提供できることである。

　また，免許不要帯とは違い，免許制度の下で扱える無線システムの安定性や信頼性をベースに，地域BWAだからこそ実現できる地域の新たな社会貢献にも期待が持てる。

　2013年4月に電波法第26条の2第2項による利用状況調査が実施されたが，全国BWAがおおむね適切に利用されていると評価されたのに対し，地域BWAについては約95％の市区町村で無線局が開設されておらず，有償サービスを提供する免許人は約半数（2013年1月1日当時，52免許人中28免許人）に留まるという状態であった。

　同じく13年12月に，地域BWAを利用する計画を有する者を対象に利用意向調査を実施したところ，①参入区域を複数市町村としたいとする者が過半であり，広域化の傾向が見られた。同時に，大規模に基地局を展開したい（全国で約53,000局）という意向（ソフトバンクBB）や，同一グループに属する複数事業者が各地で参入したいという意向（J:COM）が見られた。

　また②全国BWA事業者とのキャリアアグリゲーション（異なる周波

数帯の通信波を束ねた送受信を行い，伝送速度を高速化する技術）を希望する意見がある一方で，異業者間のキャリアアグリゲーションについては，「電気通信事業の健全な発展と周波数の有効活用の観点から，検討の場を設け慎重に対応すべき」との意見があった。

その後，14年7月に「地域BWAに係る電波政策ビジョン懇談会中間とりまとめ」の中で，提供すべき公共サービスに関し，市町村との連携を要件として明確化すると同時に，地域BWAに全国事業者およびその関連事業者がそのまま参入することについては，公平な競争環境の維持を図るため適切な措置を講じることとなり，免許主体要件の適正化ということで，電波法関係審査基準の一部変更が行われ，全国BWA・携帯電話事業者，その関連事業者等が除外されることとなった。

J:COMも当然参入を検討していたのだが，親会社がKDDIと住友商事という事情があるため，KDDIの関連事業者であることを重く見られて，除外されることになってしまった。

確かに，J:COMが免許を取得して，それを同じくKDDI系のUQコミュニケーションズに周波数を貸与する可能性があると疑われれば，地域BWAを推進しようという趣旨に反することになりかねない。

周波数を獲得した事業者を買収するといった方策まで採られる現状にあって，J:COMとKDDIの関係はグレーゾーンと見られても仕方なかったのかもしれない。

14年9月に，総務省電波監理審議会（以下，電監審）で，J:COMは免許取得要件を満たさないことが正式に確認され，地域BWAに参加することはできなくなってしまった。

しかしながら，ケーブルテレビ局と自治体が共同して進めていくのには，相当なエネルギーが必要である。現状を見ても明らかなように，なかなか普及が見られないだけに，J:COMを除外した悪影響が出かねない。

そのため，住商の100％子会社として，ＢＷＡジャパンという会社が設立され，そこが免許を取得する事業スキームを採り，J:COMエリアにある自治体と組んだ事業展開が行われることになった。

住商の100％子会社であれば，携帯電話事業者のために，代わりに周波数を取りにいくことは考えにくい。

しかしながら，J:COMは全国をカバーしているわけではない。東北，中部北陸，四国などには傘下のケーブルテレビ局を持たない。親会社にKDDIがいるというだけで外してしまうという考え方は，その功罪が問われることになっていった。

（6）J:COMを外したことは正しかったのか

デジタルデバイドの解消，地域の公共の福祉に寄与するというスキームを進めていくためには，J:COMが先頭を切って進めていくべきだったのではないか。

J:COMとＢＷＡジャパンが共同で，J:COMエリア内の特定の自治体と，その地域住民に向けた地域ＢＷＡサービスを販売・提供することで，提案活動が行われるに至っている。ただ，自治体からすると，J:COMは地元のケーブル局であるとの認識だが，免許を持つＢＷＡジャパンは地元の事業者ではないため，自治体に対して，あくまでも地域密着のサービスを展開するために，こうした仕組みを採っているという余計な説明が必要になる。

J:COMの実績は今のところ，免許を取得したうえでサービス提供を始めているのは大分市，由布市，三鷹市，武蔵野市で，今後成約が見込まれる自治体もいくつかあるということだ。

周波数の有効活用を唱える内閣府，総務省によると，地域ＢＷＡについては，全国で1,700程度ある自治体のうち，免許を取得済みの自治体

は150自治体に留まっており，冒頭でも述べたとおり，周波数の有効利用の観点から，地域BWA未許可エリアにおける2.5GHz帯を全国事業者へ開放する動きが進んでいる。

　総務省の電波有効利用成長戦略懇談会の報告書では，パブコメを受けて，開放時期に３年程度の猶予を設けた。

　当初案のように2018年一杯で見切りを付けてしまうようでは，何のための地域BWAという制度だったのかということにしかならない。全国サービスと違って，各自治体との話し合いには時間がかかるのである。

　ケーブルテレビ連盟としても，全国事業者への開放議論に対抗すべく，連盟各社に対して免許取得に積極的になるよう働きかけている。

　パブコメにおいてもJ:COMから，傘下の各地域会社が地域密着に相当の努力をしていることを訴えたが，総務省はこれまでのスタンスを変えることはなかった。

　総務省が形式要件にこだわる理由も分からなくはないが，そもそも地域BWAには，どういう意義があるのかを見直してみる必要があるのではないか。

　災害時にケーブルテレビの回線が切断された際などに，地域BWAを活用することにより，自治体と共同して防災対策が強化されるといった効果は非常に大きい。

　とはいえ，地域BWAを活性化させていくためには，相応のコストも必要になっていく。それをどう回収していくかといったビジネスモデルについても，全国のケーブルテレビ局に自分で考えるようにといっていたのでは，なかなか拡大していかないのも無理はない。J:COMの資金力にばかり頼ることが正しいとは思えないが，J:COMには，他のケーブルテレビ局の参考になるような対応をいち早く見せるだけの効果は期待できそうである。

日本国内でケーブルテレビによりテレビ視聴する世帯のうち，約半数を占めるJ:COMを外してしまったのでは，J:COMエリアの自治体が対象外になってしまうので，ケーブルテレビ局と自治体の共同事業を進めていこうにも限りができてしまうことは間違いない。

　そこはBWAジャパンとの連携でカバーしていくことになるのだろうが，BWAジャパンの設立目的からして利益追求はしなくてもいいとはいえ，大赤字の会社にしてしまうわけにもいかないはずだ。

　ケーブルテレビは地域密着メディアであると同時に，地域BWAとWi-Fiネットワークなどを活用して有線と無線を融合したサービス提供が期待されている。

　また，地域BWAを展開していくうえでは，相応のコストを要することになる。それは簡単に回収できるものではない。J:COMであれば，体力的にも対応していけるケースが多いと思われる。

　地域BWAといいながら，採用されるのが東京23区の周辺であるとか，名古屋，大阪市の周辺地域が中心になってくるようだと，デジタルデバイドの解消，地域の公共サービス向上などのためといった本来目的からは遠ざかることになってしまう。

　何のために地域BWAを推進していこうとしているかの原点を忘れることなく，ローカルエリアでも容易にネット接続できるようにしていかないと，IoTが利用されるのも大都市圏だけになりかねない。

　ケーブルテレビ局が推進していかざるを得ない事情は分かるが，それでいてJ:COMを外した以上は，自治体側も積極的に対応していくべき政策であることを忘れてはなるまい。

（7）ケーブルテレビのFTTH化は待ったなし

　ケーブルテレビにとって，FTTH化は不可避の投資だと思われるのだ

が，それでもやろうとしない事業者が多くいるという。

　総務省も，インフラ整備との名目で，18年度の補正予算で15億円，19年度の予算で43億円，さらに19年度の電波利用料を財源にして52.5億円を確保してでも，FTTH化の支援をするといっているが，それでもやろうとしない事業者が多くいるという。

　財務省から確保した予算は，未消化であれば，次年度以降には絶対に認めようとしないだろう。

　そもそも電波利用料まで使って，ケーブルテレビ事業者のFTTH化の支援をして良いのかという議論もある。ただ，日本のテレビ視聴のうちケーブルテレビ経由が5割を超えているということや，今後の4K放送の普及もケーブルテレビに依存するところが大きいということで，やや無理筋の感はあるが，何とか関係各所の理解を得ようということだろう。

　総務省がここまで支援するといっても動かない事業者の考えは理解しかねるが，どうも「旨みがない」といったことを理由として挙げる事業者が多いということだ。

　設備投資には2種類あって，攻めの投資と守りの投資がある。攻めの投資を求められているのなら「旨みがない」というのも分からなくもないが，本来は攻めの投資に国からの支援が行われることはあり得ないと理解すべきだろう。

　つまり，ケーブルテレビのFTTH化は守りの投資であることを正しく理解すれば，そういう意味不明な拒否感が述べられることはないはずなので，どうしてFTTH化が不可避なのかということが理解されやすくなるに違いない。

　ケーブルテレビのビジネス構造は，地デジやBS放送の再放送に加えて多チャンネル放送の提供という放送部門と，電話，インターネットの提供という通信部門に分かれるのだが，ここのところの全国的な趨勢か

らすると，通信部門に重きが置かれているようである。

　また，大手キャリアに接続料を支払って，一定のキャパシティを購入し，その範囲内でサービスを提供するMVNO（Mobile Virtual Network Operator：大手携帯キャリアから携帯電話回線などの無線通信インフラを借り受け，独自のサービスを加えてリーズナブルな料金で提供する）事業も通信部門に入る。大手キャリアに対して，端末料と通信料を分離して，通信料を4割程度下げるべきだという菅官房長官の主張に沿った形になっているが，あれは接続料が下がれば売り値も下げざるを得ないということで，MVNO事業に対する事実上の死刑宣告に近いものになった。

　そして，固定回線でインターネットを提供するのも，トラフィックの急増ということで非常に厳しいものになってきている。NTT東西のような最大手ですら悲鳴をあげているといわれているほど，トラフィックの急増は止まらない。

　トラフィックの急増に対応して，ユーザー，コンテンツサプライヤーも回線の増強に向けてコスト負担をすべきだという考え方は間違ってはいないが，モバイルの世界もさることながら，固定回線のほうの競争も激しくなっており，回線の増強のための値上げができるかというと，それが簡単ではないから悲鳴があがるのだということである。

　確かに，インターネットの販売にしても，同じ容量が確保されるのであれば安いに越したことはない。ユーザーがそう考えるのは当然のことであり，簡単に値上げなどを行えば，他社のサービスに乗り換えられてしまう可能性は高い。

　しかしながら，OTTサービスの普及にともなって，トラフィックの急増は毎年大変な度合いで進んでおり，放置しておけば，インターネットが遅いとか，インターネットがつながりにくいということで，やはり

他社のサービスに乗り換えられてしまいかねない。そうなると，事業者側では赤字覚悟でサービスを提供し続け，体力のない事業者が脱落していくのを待つという戦略になってくる。

　大手通信事業者の体力は強靭である。FTTH化しても「旨みがない」などと悠長なことをいっている場合ではないのである。

　確かに，総務省からの支援であるだけに，何の条件も付かずに資金供与されることにはならない。

　条件不利地域だとか，財政力指数が0.5以下だとか，自治体との合弁でないといけないといった条件が付いている。財政力指数とは，地方公共団体の財政力を示す指標であり，基準財政収入額を基準財政需要額で除した数値であり，通常は過去３カ年の平均値を指している。

　本書では決して脱法行為を勧めるものではない。しかし，条件不利地域という条件を見ると思い出されるのが，地デジのIP再送信である。地上波放送局としては，再放送同意を出すうえで，それまでケーブルテレビにRF方式で行われる前提でいたことから，IP方式での再放送にはかなり抵抗したことが記憶に新しい。

　大手通信事業者としても，地デジの再放送をするのに，これだけ大変な思いをしなければいけないのかと辟易したはずなので，両者が長期にわたる時間をかけて協議し，結果として地デジのIP再送信が行われることになった。

　最後の決め手となったのは，何よりも地デジ化を成功させることにあり，特に電波はもちろんのこと，ケーブルテレビでもカバーし切れない条件不利地域を，IP再送信によってカバーするということで決着が着いたと記憶している。

　しかし，地デジのIP再送信は，それを見ている人がいるかどうかも，今となっては不明だが，少なくとも条件不利地域の解消といった大命題

は，始まった途端にどこかに忘れ去られてしまったかのようなものである。

（8）予算は正しく使われるべき

　政府はすぐに条件不利地域という言葉を使うが，実際には，それがどこを指すのかということはあまり明らかにしたがらない。そこに住む人たちからしても，条件不利地域だといわれれば良い気はしないし，ある意味では具体性を欠いているからこそ使われている用語でしかない。

　大手通信事業者が最初からそれを狙っていたのかどうかは分からないが，条件不利地域で再送信していないではないかと指摘されることはないという思惑もあったのではないか。結果として，地デジのIP再送信は，それを見ている人がいるかどうかは別とすれば，問題視されることなく行って良いことになった。

　それを参考にしろというつもりはない。ただ，物は考えようで，積極的に政府の支援を受けてFTTH化をしようと考えるケーブルテレビは，無理矢理に補助金を取ろうということでなく，政府もせっかく取ってきた予算を使ってほしいという気持ちがあるのだから，魚心に水心という考え方をしたらどうであろうか。

　自治体についても，何かといえば財政難を口にするご時勢でもあり，ケーブルテレビのFTTH化で住民も良い思いをするのだし，いくらでも理屈は付けられるのではなかろうか。

　以上のように考えてくると，そこまで総務省に後押しされながら，どうしてFTTH化をしないのかが不思議である。自力でやりたいというのならそれに越したことはないが，すでに競争は激しくなっており，自力を高めるのを待ってくれる環境にはない。

　FTTHにすることで4K放送や8K放送の再放送できる帯域を持ち，

それを推進するようにといわれているとでも思っているのだろうか。加入者からSTBを求める声も上がってこないのに，意味がないとでも考えているのだろうか。

　そうだとすれば，あまりに現実を誤って把握しているとしかいいようがない。問題は通信サービスの競争にある。すでに地域独占などはないので，他県の事業者が通信サービスをテコにして，侵略してくるということが起こっている状況にある。

　この傾向は激しくなることはあっても，収まる見通しはまるでない。固定回線でインターネットを売る事業者の競争の激しさは述べたとおりである。FTTHを卸しているNTT東西でさえ対策に困っているというのに，まだFTTH化すらしないで，自分のところには誰も攻めてこないだろうと安心しているとしたら，その事業者は3年後には存在しなくなっていてもおかしくない。

　大手通信事業者ですら，さすがに価格競争に限界を感じ始めており，何か次の一手はないものかと模索しているところである。そう簡単には解決策が出てくるとは思えない。

　ケーブルテレビ事業者には地域密着という強みがある。しかし，最低限のサービスを提供したうえで地域住民に支えられるということはあっても，何もしないで地域住民に甘えるだけ生き残れるとは到底思えない。

　予算の消化の問題もあるが，それ以前に危機感を全く持たない事業者が，次々と消えていくことも十分に考えられるのではなかろうか。

5Gに寄せられる期待

1 携帯電話料金をめぐる議論

（1）端末料金と通信料金の区別

　2018年8月23日に「携帯料金は今より4割程度下げる余地がある」という菅官房長官の発言があった。その根拠として，公共の電波を使って巨額の利益を計上することはおかしいという理由が挙げられた。

　総務省は菅長官の意を受けて，同年10月に「モバイル市場の競争環境に関する研究会」を発足させることとなった。

　日本の大手携帯キャリアの計上している利益額は，欧米諸国の通信会社と比べても，特に大きいというわけではない。ただ，国内全般の企業と比べると，突出して見えるということなのだろう。

　これまでは端末料金を値引くために，毎月の通信料とともに端末料金の割引分をセットで請求していくというスタイルが採られてきたが，その方法は採らずに，端末料金は端末料金として支払ってもらい，通信料の値引きが明らかになるように，別々に請求されることになった。

　政府の指示によって値下げをしたというスタンスは見せたくないからか，大手キャリア3社は，端末料金と通信料の分離，通信料を4割程度値下げするというプランを公表し，2019年6月には実現することとなった。

　端末料金は，あくまでもメーカーの問題であるだけに，大手キャリアとしては通信料金を4割程度も下げることになれば，大幅な減益になってもおかしくはない。

　日本の大手キャリアの経営は懐が深いこともあり，簡単には業績を悪化させることはならなさそうである。むしろ，通信料収入を使って端末料金を割り引いていたことを考えると，それがなくなる分，大手携帯

キャリアの利益はさらに拡大してもおかしくない。

　これまではゼロ円携帯が1つの強みとなっていたが，今後はポイント制を上手く活用してくることも考えられた。NTTドコモでいえば，dポイントと呼ばれるものである。

　端末を買ってもらえるための割引はしないけれども，今，この契約をしてくれたら，ドコモであれば，dポイントで毎月いくら還元するといったことができ，端末を買うときには使えなくなったものの，まだまだいろいろなところにdポイントが使えることから，消費者にとってのメリットも大きい。

　SUICAでも行っているが，SUICAで定期券を買うと，1,000円チャージするといったポイントのメリットを上手く活用しているユーザーも多いことから，ポイント制が1つの戦略として使えることが当たり前のようになっていくことは間違いなかろう。

　菅官房長官からは追加の要望が出され，ドコモのdポイントのようなものを端末料金の引き下げに使うことは認めるべきではないということになったことから，携帯端末の値段は上がることにならざるを得なくなった。

　いろいろな考え方があると思うが，ポイント制というのは長く自社のサービスを使ってくれるユーザーへの還元であり，企業として，それに対して何らかの形で報いていくのは普通である。それすらダメだというのは，やや過剰な干渉に見えてならないが，それだけ携帯電話料金の引き下げを重視したということなのだろう。結果が逆に出たのか，最初から計画どおりなのかは，神のみぞ知る世界である。

　さらにいえば，家電量販店の存在が菅長官のプランを骨抜きにしてしまう可能性もあった。

　家電量販店は必ずゼロ円携帯を販売すると思われ，総務省もそれは予

想しており，徹底的にチェックするといってはいるが，マンパワーの問題だけでなく，家電量販店のほうが強かさで大きく上回っていることから，それを止めることは不可能であると考えられた。

　携帯ショップであれば，そこまでの原資がないことから大幅な値下げはできないが，家電量販店はいろいろなものを扱っているから，そのときどきのスペシャルディスカウントの商品として絶対に出してくるに違いないと思われた。

　しかし，そこについても，菅官房長官からはダメ出しが示され，たとえ家電量販店であっても，端末料金と通信料が明確に分からなくするような売り方は禁じるべきだという方針が示された。

　携帯ショップでの携帯端末の売上げは急減しており，家電量販店も同じことになっているが，後者の場合はもはや携帯電話サービスの販売はやめてしまうかもしれないというところまでいっている。

　これから個人が５Ｇのスマホを利用する時代に入って行くことになるが，使い手の中心となるであろう若者の手に，５Ｇ端末を入手することができるのであろうか。ひょっとすると，55インチの４Ｋチューナー内蔵テレビ（10万円〜20万円台が中心）よりも高くなってもおかしくないからである。

　テレビのほうはどんどん低価格化しており，それを家電量販店が押していることは間違いないが，せっかくの５Ｇも端末が高くて買えないといったことになっていくと，消費者にとって良かったのかどうかも疑わしくなる。政策に見直しは付きものであることから，環境が変わってくることを先読みして，５Ｇの端末はもう少し手に入りやすくなるような施策が講じられることに期待したいところである。

（2）本当に値下げになるかは疑問

　やはりショップでいろいろと聞いてから買いたいという人もいるし，使い方が分からないときにどうするのかということもあるため，ショップが大きなダメージを被ることはないと思われた。

　今のように全国で8,000店舗という体制を維持するのは難しいかもしれないが，6,000店舗程度は残るのではなかろうか。各キャリアが2,000店舗ずつ持っても，それだけで6,000店舗になるし，そこに楽天が500店舗くらい加わると考えれば，6,500店舗くらいの規模は維持されるので，全体では7,000店舗くらいに落ち着くのではないかと思われている。

　しかし，キャリアの直営店は少なく，なおかつ儲からないということになれば，ショップの数も予想以上に減っていくことになりかねない。

　メーカーとしてのAppleにとっても，日本は大きな市場である。日本人ほどiPhoneが好きな国民はいないといわれるくらいである。

　そういう意味で，Appleがこの議論に関心を示さず，横目で眺めているだけだと考えているとしたら，それは大間違いである。もちろん議論に参加することはできないが，日本で高い携帯端末を売るためにいろいろな工夫が凝らされていることはよく知っており，その一部分が崩壊しそうだということになれば，それに対する対策を講じないはずがない。

　議論の方向性は変わらないと判断するや否や，最新の顔認証端末とまではいかないが，チップは今のiPhoneと変わらないものを5万円くらいで市場に投入してきた。

　iPhoneもiPadも，超高級品の販売は今までどおり続けるし，今後もその方針は続けると思うが，それよりは小型なもので，顔認証でなく指紋認証ではあるが，十分に使い勝手の良い新製品を出してくることは間違いないといわれている。

　iPadでそれの先行したバージョンがすでに発売されているが，評判は

上々のようである。端末料金が分離されて，デバイスの値段が高く見えるようになるのなら，その高いデバイスは残しておきながらも，機能はほとんど変わらないものを廉価版として出してくるのが，メーカーとしてのAppleの考え方である。

　家電量販店で売れるモデルと，携帯ショップで売れるモデルの両方を出荷してくることによって，引き続き日本人のiPhone好きな側面は強めていきたいと考えてのことだろうが，メーカーの発想として当たり前のことであるともいえる。

　消費者の側からそうしてほしいと提案されたわけではなく，単純に通信料を大幅に下げたことをアピールしたいだけの官邸が，それを明確にすべく端末料金との分離を図ったに過ぎないことである。果たして，今回の政策が，多くの国民を味方に付けるほどの魅力があるかどうかは怪しいものと考える。

　NHKの受信料とは性格が大きく異なる。全く同じサービスのまま料金を下げるのならともかく，料金を下げたことを目立たせようとしているだけの施策との違いが分からないほど，国民はバカではない。

　どういう施策を打ったら，国民の多くに大歓迎されるのだろうかということが分かっていないのではなかろうか。

　通信料の値下げが行われるのに合わせて，MVNO（格安スマホ）との接続料が引き下げられ，競争が激しいことから，その分だけ売り値も下げざるを得なくなり，大半のMVNOが窮地に陥る。つまり，格安スマホの事業継続が危ぶまれることをしただけである。

　政府も総務省も，表面的なことでなく，結果として国民生活にどういう影響が及ぶことになるのかを，もう少しきちんと見極めるべきなのではなかろうか。

　もっとも，大手携帯キャリアとしては，通信料を使った端末機の割賦

販売はできなくなったが，端末機だけを割賦販売することは可能である。端末機をクレジットカードで買ってはいけないという政策もあり得るが，あまりやり過ぎると，逆に国民の反発を買うことになってしまうので，すでに大きなマーケットができているところで，国民の人気取りのような政策を打ち出していくのが難しいことを証明しただけのように思えてならない。

（3）MVNO事業に危機

　昨今のケーブルテレビ事業者のビジネスモデルは，地デジやBS放送の再放送や多チャンネル放送の提供といった放送部門から，電話，インターネット，格安スマホの提供へと変わりつつあり，売上げにおける通信事業のウエイトが高まっている。

　特に，MVNO（Mobile Virtual Network Operator：仮想移動体通信事業者）と呼ばれる無線通信回線設備を開設・運用せずに，自社ブランドで携帯電話などの移動体通信サービスを行う事業には多くの事業者が取り組んでいる。

　ちなみに，既存の移動体通信事業者であるNTTドコモ，au，ソフトバンクはMNO（mobile network operator）と呼ばれており，これが携帯キャリア大手3社である。2020年4月よりもう1社が加わり，大手4社となることになる。5Gの全国免許が交付されたところからすると，大手の4社目は楽天になるだろうと思われる。

　MVNOの提供するサービスが，俗にいう格安スマホであるが，ユーザーが中古品などから好きなスマホを選んで入手しSIMカード（Subscriber Identity Module Card：加入者を特定するためのID番号が記録されたICカード）だけ入れ替えればMVNOの料金で利用できることから，ケーブルテレビ事業者が積極的に販売しており，事業者によっ

てはかなりの量の売上げを誇るに至っている。

　MVNOは移動体通信サービスを行うための周波数帯域を有している
わけではないので，MNOである携帯キャリアに○○ギガでいくらと
いった対価を支払って，その範囲内でサービス提供をする。しかしなが
ら，○○ギガが多過ぎて余ってしまっても仕方ないし，逆に少なすぎて
足りなくなってしまうようでも，サービスに支障を来たすことになる。

　MVNOがMNOに○○ギガでいくらといった形で支払っている対価が
接続料と呼ばれている。ある一定のキャパシティを買うことになるのだ
が，それをMVNOの提供する格安スマホで使うことになる。

　ただ夜間などでは，モバイルネットサービスもストレスなく使えるの
だが，昼間のように多くの人がアクセスする時間帯や，東京の渋谷のよ
うに大勢の若者がスマホを使う場所では，どうしてもインターネットが
遅くなる傾向がある。

　こうしたビジネスは海の家に似ていて，夏場で海水浴に来る人が多い
ときには，海の家は人手不足に悩まされる。そのせいで客が隣の海の家
に行ってしまうのを見ると，せっかくの商売のチャンスを失ってしまう
ことになりかねない。それを避けるために夏場の盛りの時期に合わせた
働き手を用意しようものなら，それも他店と差別化するために正規雇用
しようものなら，海水浴シーズンが終わりを告げるや否や，海の家では
人が余ってしまい，人件費の負担に耐えられずに潰れてしまうだろう。
MVNOがキャパシティを携帯キャリアから買うというのも，全くそれ
に近い話になるわけである。

　もちろん，海の家とは違うので，常に多めにキャパシティを購入して，
それが余ることがないように，自社の格安スマホのユーザーを増やし続
けるべく営業努力をするという発想もある。しかし，2019年からは4大
キャリアになるうえに，MVNOを手掛ける事業者の数も多いことから，

接続料を支払って入手するキャパシティは，あまりに保守的でもいけないし，あまりに強気になってもいけないということで，最もMVNOビジネスの経営判断が問われる部分だということになる。

大手キャリアの通信料が下がれば，当然のことながらMVNOの支払う接続料も下がることになる。しかしながら，競争の激しい市場であることから，接続料が下がっても，その分だけ売り値を下げないと，格安でも何でもなくなってしまう。

大手キャリアの通信料が4割も下がることになると，MVNOも格安のメリットをアピールするには，相当な値下げを行わないといけなくなる。接続料が下がっても，格安スマホとしてのメリットを維持するためには，それ以上の値下げが必要になる。

もともと，薄利なビジネスであることから，大手キャリアのような値下げの余地を持っているわけではないだけに，大半のMVNOは経営難に陥る可能性が大きい。

（4）注目される大手携帯キャリアのスタンス

そういう事態になってくると，どうしても大手キャリアの接続料は，自社の子会社を優遇しているのではないかといった疑心暗鬼にさらされるところも出てきて，まさにネットワーク中立性の話にまで及び始めている。

例えば，KDDIの子会社であるUQコミュニケーションズのサービスを受けられるようにして，同じくKDDIに接続料を払っている事業者が自社のサービスと使い比べてみると，明らかにピーク時のインターネットは自社サービスのほうが遅いという実験結果が出たと主張する事業者が出てきたということである。

総務省からすると，同じように試してみたが，そうした結果は見られ

ず，どこも子会社を優遇しているとは思えないと反論している。

　大手キャリアが自社の子会社を優遇しているといった疑心暗鬼は，そうでないということを証明するのが難しい一方で，それを疑っていたら切りがないといった両面性がある。

　実験をやったという事業者も，その実験が正当な環境で行われたのかを説明するのは難しくなるし，何よりも，そのサービスを利用しているユーザーが困ってしまうことにしかならない。

　当然のことながら，ユーザーは従量課金の対象にならず，使いたい放題のサービスを選択することになる。典型的なサービスがLINEである。

　LINEの場合には，ユーザーから対価を取らずに事業展開しているので，ユーザーからの支持も厚いが，LINEを使いたい放題使われては，キャパシティは消耗していくばかりになるので，ゼロレーティング（ユーザーがどれだけ使ったかも計測されないサービス）についての議論も深まっている。

　もちろん，LINEもFacebookもユーザーは無料で使いたい放題となっているが，ボランティアで行われているわけではない。いろいろなビジネスモデルが考えられるが，最も大きいのは広告収入であろうと思われる。

　菅氏の発言に始まった，携帯端末と通信料を分離して通信料を値下げすべきだという事態は，MVNOにとっては死刑宣告に近いように思われる。NTTドコモも通信料を引き下げる前に，1台数百円の端末を販売し始めている。

　結局，体力のあるところは環境変化に強いことを表しているわけで，接続料を払ってその体力を活用するMVNO，すなわち格安スマホのビジネスでは，ケーブルテレビの稼ぎにならないことを早く察知すべきなのではなかろうか。実験までして戦うところには相応の体力があるので

構わないが，一般のケーブルテレビは環境変化に臨機応変に対応することが一番である。

　通信事業の幅は広い。ローカル5Gの免許を獲得するほうが優先順位は高くなっているようにも思う。そうした対応で巧みに生き残って行く経営判断が重要になっているのではなかろうか。

（5）大手携帯キャリアにはダメージにならない

　通信料の引き下げが行われることによって，菅氏のいう「儲け過ぎ」は変わるだろうか。インターネットのトラフィックのところでも触れたが，固定回線は定額の使いたい放題であり，スマホの場合には従量制となっている。

　そのため固定回線は苦労を強いられているし，スマホの通信料を少しでも節約したい若者は，自宅のWi-Fiなどに落として使う知恵を身に付けている。Wi-Fiを使われると，固定回線の負担はさらに増えるのだが，スマホのほうは節約に成功する。

　しかし，若者たちも通信料が安くなるのならと，わざわざWi-Fiを使うまでもなく，携帯の良さを生かすべく，好きなところで，好きなコンテンツを利用し始めるに違いない。月にいくらくらい払っていたかを記憶していれば，その金額までなら今までと変わらないということで，結局，スマホを多く使うことになるだろうと考えれば，携帯キャリアからすれば，通信料収入はそう大きく減ることにはならないのではないか。

　まして，今までは通信料の中から，スマホなどの端末代を毎月少しずつ払ってもらっていることによって，スマホを低価格で売っていたわけだが，両者を分離せよといわれた以上，通信料をまるまる自社の収入にすることができる。

　そう考えると，大手携帯キャリアが減益になるのは，あくまでも一時

的なことでしかなく，時間の経過とともに，利益水準は簡単に元に戻せると考えることもできる。

　スマホが高くなってしまって困るのは，メーカーのほうである。そうなればメーカーはメーカーなりに廉価版を，安っぽいイメージを持たれることなく，販売していくことになるに違いない。

　つまり，大手携帯キャリアはそう大きなダメージを受けることはないし，今後は5Gのスマホも普及していくだろうことを考えると，さらに増益となっていくことも考えられる。

　何のための端末と通信料の分離だったのかは分からなくなってしまうが，引き続き大手携帯キャリアの優勢は何も変わらないのではなかろうか。

２　５Ｇの影響力

（１）５Ｇの強みと弱み

　５Ｇとは，文字どおり第５世代の移動通信システムであるが，今現在広く使われている４Ｇ/LTEの延長線上にあるものではなく，非連続的かつ飛躍的な進化を遂げたものになる。そこは非常に重要なところである。

　５Ｇには，全国バンドの事業者に免許された５Ｇ，これから地方の各所で免許されようとしているローカル５Ｇとある。すなわち，全国携帯事業者に割り当てられる公衆ネットワークであり，全国均一のサービスといったところから，ローカル５Ｇというものが，エリアごとの独立ネットワークでもあり，地域ニーズにも合わせた柔軟な活用というのが，それぞれの人たちにもできるような，そういうことが非常に重要なポイントになる。

　５Ｇの強みは，①通信速度が格段に上がる，②同時接続数が増える，③遅延がほとんどなくなる，という３点に集約されるだろう。

　これまで４Ｇ/LTEでサービスを提供してきた事業者にとっては，一気にサービスレベルを上げられるということで注目されているが，一方でせっかくの５Ｇを使って，そうしたサービスの高機能化につなげるだけではもったいないという声が多いのも事実である。

　スマホ向けの動画配信が活発に行われており，見ていても見ていなくても一定の容量を食うリニア（ストリーミング）のチャンネルもある。ただ，最近の若者は，その辺の知識を多く持つせいか，Wi-Fi環境のないところで，動画配信サービスを見たりオンラインゲームをしたりするようなことはしない。自宅に帰ってWi-Fi環境が確保されている場所で

■ 全国バンドの 5G とローカル 5G の違い

全国バンドの 5G 免許は、大手キャリアに交付

ローカル 5G は、非常に細かい地域ごとに免許交付される

全国のエリアを対象とすることから、大規模な基地局が多く必要となる

地域のニーズに沿ってさまざまな形で使われるため、基地局も低コストで建てられ、混信さえなければ、免許はかなりの数の交付が可能

いずれにしても、何もしなければ 5G の信号は遮蔽物に遮られ、屋内に届けることが難しいことから、基地局は 4G までと比べても多く必要となる

ローカル 5G の実験は、住商と NTT 東が中核となって行っている

これを解決しない限り、5G の活用策は空理空論に終わるだけ

住商はケーブルテレビへの啓蒙に力を入れており、自ら免許を取得するつもりはない

今は 5G という言葉が一人歩きしている感が強く、5G とローカル 5G の区別がついていない事業者も多く見られる

行えば，スマホの通信料を無駄に消費することがないからである。

　まさに，スマホのインターネットが従量制となっているがゆえの現象といえるだろう。

　難しいのは，オンデマンド系のサービスではなくリニアのチャンネルである。例えば，NHKが行おうとしている常時ネット同時配信がその典型である。たとえ誰1人見ていなくても，スマホの帯域を一定量使い続けることになる。テレビで放送されているものを，同時にネット経由でも視聴できるようにするものであり，2019年の放送法改正により可能となった。ただし，権利処理の問題があるため，テレビでは放送できても，ネットでは配信できない番組もある。常時ネット同時配信と謳っている以上，その時間にネットでは別の番組を配信するわけにいかないため，ネット配信のほうは画面に何も映らなくなる。

　5Gの強みの1つとして遅延がほとんどないという点があり，NHKのように常時ネット同時配信を行おうと考えている事業者には，今の4G/LTEでは1分弱の遅延が起こることもあり，5Gはとてもウェルカムなサービスではあるが，5Gを提供する事業者からすると，誰も見ていないかもしれないチャンネルを流し続けることは無駄に思えてならないだろう。

　民放もNHKとは別の理由であるにせよ，同時配信を検討している。それだけの数のチャンネルに加えて，プロ野球中継のような専門チャンネルにもニーズがある。昔はサラリーマンが帰宅の電車内で，ラジオのプロ野球中継を聞いている姿をよく目にしたが，今は映像まで見られるということで，相応のニーズがあることは間違いない。

　せっかくの5Gもそうしたリニアのチャンネルに使われることになると，それなりには容量を食うことになるので，もったいないように思えてならない。ただ，NHKのように常時ネット同時配信を謳っていると

ころからすると，「同時」といっている以上，5Gには遅延がほとんどないというのは魅力的だろう。

それは民放も同じだし，スポーツ中継のようなリニアチャンネルにとっても利便性を高くしてくれることは確かだ。これまで4G/LTEでもプロ野球中継サービスは利用されていたが，スマホ画面上では，チャンスにバッターボックスに立っているところなのに，ラジオを聞いている人がいち早く三振に終わったことを知っていて，LINEなどで連絡が来ると，何とも時差の大きさが恨めしい気分になったものだ。

しかし一方で，5Gの場合には，これまでのスマホの使い方とは全く異なり，乗用車の無人運転，ドローンの操作，遠隔医療をはじめとする医療技術，ロボット，AIなど，現在の最先端の技術が，さらなる進化を遂げることが期待されている。

（2）5Gの強みの誤解〜超高速の意味

5Gについての誤解はいろいろあるが，例えば，強みとしていわれている「超高速」についてが1つの典型といえるのかもしれない。

5Gでは高周波数帯を使うのだが，そのせいで直進性は高まるものの，スピードには全く影響しない。つまり。800MHzのうちの100MHzを送るスピードも，28GHzのうちの100MHzを送るスピードも全く同じである。

それでは，なぜ超高速といわれるのか。それも全くの別物を使って，たとえて説明してみよう。

段ボール箱が10個あったとしよう。段ボール箱1つを運ぶスピードは，800MHzでも28GHzでも変わらないのである。ただし，800MHz帯で段ボール1個を運んでいるのと同じ時間で，28GHzであれば段ボール10個を運べてしまうのである。

■ 周波数帯と周波数帯域幅とスピードの関係

① 800MHz 帯の 100MHz 幅のスピード

= 28GHz 帯の 100MHz 幅のスピード

② 高周波数帯域は

= 広い周波数帯域

= 大容量伝送

※100MHz の情報を送る速さは変わらないが、5G では大量の情報を送る際に大きな差が出てくる。

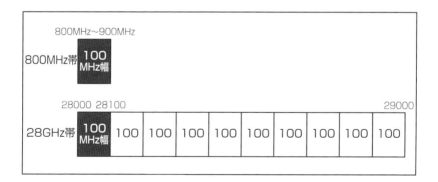

出所）住友商事株式会社

結果として見れば，800MHzで段ボール箱１つを運んでいる間に，28GHzでは段ボール箱を10個運べてしまうことになる。段ボール箱１つを運んでいる時間だけを比べれば，両者のスピードに何の差も見られないのだが，それが５個，10個，15個となっていくと，運ぶ時間に大きな差が生じてくることになる。

　それをもって，５Gを超高速といっているのだが，仮に段ボール箱を１つしか運ばないのであれば，両者にスピード差は見られないので，超高速といわれてもピンと来ないに違いない。

　何となくそれを速さで比べて，５Gを超高速と呼んでいるのだが，本当のところは大容量の情報を運べるところが大きな違いである。

　映画１本をダウンロードするだけならば，特にその差は気にならないが，映画10本をダウンロードしようとすると，速さが全く違うということを示していると理解すべきだろう。

　５Gは，ことほど左様に，強みとしていわれていることのことの意味が誤解を招いている。それを十分に説明せずに，強みだけを強調したところで，多くのユーザーにはピンと来ないことも多いのではなかろうか。

（３）５Gの弱点も認識すべき

　せっかくの５Gを放送の補完や動画配信ばかりに使ってしまうよりも，先端技術の向上に生かしていくほうが生産的である。４K/LTEでも使えたサービスは，１分近くの遅延が見られるケースもあったが，優先順位の問題を考えれば，引き続き５Gに頼ることなく使ったほうが良いように思えてならない。

　また，ローカル５Gの場合には，地域や産業の個別ニーズに応じて，地域の企業や自治体などが主体となって柔軟に構築できる５Gシステムであり，カバーするエリアは狭く限定的だが，既存のビジネスをより有

効に使うことができる。

　全国バンドの5Gは，すでに携帯キャリア4社に免許を交付したが，ローカル5Gの場合は必ずしも通信事業とは無関係な事業者にも2019年12月から申請が受け付けられ，利活用の中身を判断したうえで免許を交付することが予定されている。

　ローカル5Gと放送との関係についていえば，光ファイバーの通らない集合住宅の窓際などに5Gの出入り口を作ることにより，ケーブルテレビのラストワンマイルとして機能させることができる。

　これは米国のベライゾンが提案した使い方だが，これまでラストワンマイルがなかったせいで，ケーブルテレビのサービスを受けられなかったところに，それを使えるようにするということで，集合住宅の住民にもケーブルテレビ事業者にもメリットがある。

　ただし，今のケーブルテレビに求められているFTTH化が不要になるわけではないことから，ローカル5Gの免許さえ取れれば，すべての問題が解決するというのは大変な誤解である。

　そもそも論からすると，電波は周波数が高くなればなるほど伝送できる情報量が増え，高速伝送が可能となる。しかし，直進性が高まるため，遮蔽（しゃへい）物などを避ける（回り込む）ことが難しくなり，長距離通信が難しくなる。

　そのため，基地局を数多く設置することが必要不可欠になるが，全国バンドの5Gと比べれば，ローカル5Gのほうはエリアが限定的な分，免許さえ取れればすぐにでも使えることになる。

　先ほど，「光ファイバーの通らない集合住宅の窓際などに5Gの出入り口を作ることにより」と述べたのも，それがないと，おそらく窓に跳ね返されてしまって，集合住宅内に情報を入れられないからである。

　そのくらい5Gの直進性の強さは，唯一といっても良いほどの大きな

弱点といえる。

　ただし，出入り口さえ作ってしまえば，５Ｇのサービスは受けられる
ことから，どこに出入り口を作るのが良いかという点に，周到な準備を
行えば良いだけである。

　すなわち，全国バンドの５Ｇも，ローカル５Ｇも，直進性の高さを考
えたうえで利用することが不可欠であり，放送サービスとの関係で後者
の利便性を高めていこうと考えたら，ローカル５Ｇで，光ファイバーの
通らない集合住宅のラストワンマイルになることだろう。

　全国バンドでの利用も検討されているが，繰り返すようだが，サービ
スの優先順位を間違えないことが必要である。

　今は随所で５Ｇという単語が使われて，それが使えるようになればす
べての課題が解決するようないわれ方になっているが，それは大きな間
違いであるということを再確認しておくべきだろう。

　ローカル５Ｇで，先ほど述べたような米国ベライゾンのモデルに取り
組むのであれば，免許の取得人はケーブルテレビということになる。

　果たして，基地局整備を行ってまで，これまで顧客にできなかった人
たちを取り込むほうにメリットを感じるだろうか。その程度の数のユー
ザーが増えるくらいであるなら，コスト割れするだけだと割り切ってし
まう事業者も多いのではないかと思う。

　ブロードバンドのユニバーサル化（全国遍く利用可能とすること）の
議論についてもそうだが，商売にならないようなところをカバーするの
を嫌う事業者が多いことは間違いなかろう。

　稀少な資源である電波を使うことを免許される以上は，あまりにビジ
ネスライクに考えるばかりなのはどうかと思うが，そもそもユニバーサ
ル化を達成するためにカバーされずに残っているところは，商売にはな
らないから残っているのであり，それを自治体も絡んでカバーすべく試

みているのであろうことを考えると，確かに商売になどなりようのない
エリアであると推察される。

　それをカバーするのに5Gを使おうという人は，5Gが遮蔽物に弱い
という性格から，あまりいないとは思うが，集合住宅対策も然りである
ように，地域の活性化という視点も必要だろう。

　全国バンドの場合には，基地局の設置に相当な時間がかかることから，
ローカル5Gのほうが先にスタートしてしまうかもしれないが，全国バ
ンドと合わせて，ユニバーサル化にも取り組んでいこうという姿勢も必
要かもしれない。

　以上のように，全国バンドのほうでは，放送や動画配信にばかり使う
のではなく，またローカル5Gではラストワンマイルになるという辺り
で，5Gと放送の関係はとどめたほうが良いように思えてならない。

　決して放送を軽視するわけではなく，災害時のことなどを考えれば無
視してはいけないサービスであるとは思うが，あまりにも5Gに対する
過度の期待感を見ていると，どうしても再確認したくなってしまうので
ある。

（4）医療の発展に寄与する8Kと5G ①

　8Kの高精細度を誇る画質は，かなり速い段階から医療関係者に注目
されていた。内視鏡で病巣を発見したり，ときには直接，内視鏡とセッ
トのメスで病巣を切り取ったりすることも可能になっている。

　カメラから見られる映像が高画質になることで，一度に検査と治療を
行えることになる。もっとも，医療関係者からすると，8Kの画質を取
り入れるのには相当な費用がかかるということで，8K放送が始まり，
8Kテレビが普及することによって，民需のほうで8Kの価格を下げる
ことを期待していたほどだ。

今のところは，医療関係者を満足させるような事態とは程遠いが，2018年の暮れからNHKの8K放送が始まったことは，1つのエポックになることは確かであろう。

　また，そこに5Gの技術が加わって行くことにより，遠隔医療の実現に大きく一歩を踏み出すことになる。まさに，医療にメディアが貢献する構図となるわけだ。

　8Kと5Gの組み合わせは，まさに遠隔医療に対応するものであり，日本国内にどれだけ無医市町村があるかを考えれば，大変な貢献といえるだろう。

　もっとも，遠隔医療についての実験は，8Kの商用可能時まで遡る。

　2016年に総務省が委託した「8K技術を活用した遠隔医療モデルに関する実証」では，NTTデータ経営研究所，NHKエンジニアリングシステム，NHKエデュケーショナル，NTTコミュニケーションズ，スカパーJSATの5社が，同年12月中旬から順次実施することが発表された。

　この時点ではまだ5Gの技術が確立されていなかったこともあり，8K技術を活用した遠隔医療のモデルとして，有効性が高いと想定される「遠隔病理診断モデル」と「遠隔診察支援モデル」の2つのモデルを選定して，医学的観点から効果を発揮するのか，あるいは医療機関での伝送や画像の技術的な課題がないかの検証を目的として実施された。

　まだ8Kテレビが各家庭に普及することは考えられないタイミングではあったが，あくまでも価格が下がったらという前提であったのと，当時から中国における8Kディスプレイの需要が急増し始めていただけに，民間ベースでの低価格化も見込めるようになっていた。

　「遠隔病理診断モデル」は，2017年1月下旬から8Kカメラをセットした遠隔操作顕微鏡システムを構築した。具体的には，国家公務員共済組合連合会虎の門病院と東京大学医学部附属病院との間を結んだ。

　東京大学医学部附属病院の医師が，虎の門病院に設置した8K顕微鏡を遠隔操作して直接診断した。この実証実験では，デジタル画像だと診断の難しい症例を含んだ標本を選定し，「東京大学医学部附属病院側の病理医が，虎の門病院で撮影した8K画像をもとに遠隔で病理診断」し，「東京大学医学部附属病院側の病理医が通常どおり，顕微鏡で実物を直接観察して病理診断」した結果との差や，診断にかかる負担などの差を検証した。

　「遠隔診療支援モデル」は2016年12月中旬から，8Kカメラを活用した遠隔医療システムを構築して実施した。長崎県の離島にある上五島病院と，実際に患者を診察する長崎大学病院との間を結んだ。このモデルの実証実験では，高速な固定回線が開通していない離島などの医療機関への導入も想定されるため，映像伝送回線として衛星通信の利用が予定された患者に与える安心感などの差を検証した。

　前者については，現在，全国的に病理医が不足しているといった実状を踏まえ，デジタル化（2K化）ですら進歩したとはいわれながらも，明らかに不十分であった点を，8K画像を取り入れることで飛躍的な精緻さに向上させたという意義が見い出せる。

　後者については，より深刻な問題であるが，離島・僻地には，特定疾患領域の常勤専門医が不足しているどころか，そもそも医師が不在である事態も珍しくないという問題を解決する一助とならないかといったことが期待されている。

（5）医療の発展に寄与する8Kと5G②

　2019年暮れの段階で，8Kテレビは60インチで30万円台のものが店頭に並び始めた。ただ，肝心の放送がNHKの8K放送1チャンネルしか行われていなかったこともあり，テレビの価格は下がったが，普及につ

■ すでに実証段階に入っている5G <国際展開も可能な事例>

医療格差の解消：低遅延の高精細診断映像による遠隔診療

高速・超低遅延通信で医療マシンを遠隔操作

202X年
拠点病院の執刀ドクター

2018年

4K/8K映像を用いて患部状況等をシェアすることで、遠隔地の専門医が地方の手術を支援（写真は脳手術）

4K ← 高精細　2K → 高精細

4K/8K映像で、生育状況だけでなく、胎児の表情まで見える遠隔妊婦検診を実現

人手不足解消：建設機械の遠隔操作

東京港区から千葉市美浜区の建機を低遅延で遠隔操作
⇒農耕機（トラクタ等）などへの応用が可能

正面モニタ（8K）

安全・確実・スピーディな災害復旧など：人型ロボットによる遠隔作業

応用可能

ロボットを用いたリアルタイムの精緻な作業が可能

安全な場所からロボットに「乗り移って」危険な場所（事故現場等）でも正確に作業

出所）総務省

110

いては日本全国で数百台というレベルに収まっていた。

とはいえ，8Kのディスプレイが低価格化し始めたことは間違いなく，さすがに10万円台まで下がるとは思えないことを考えると，医療関係者が期待していた低価格化は実現してきたことになり，それを信じて実験を繰り返してきた医療関係者の功績が評価される日が到来してきたように思う。

そこに加えて，5Gの伝送技術が新たに活用されることになれば，データ伝送の遅延を心配することもなく，高精細度の映像の伝送についても何の負担もなく行えるようになった。

過疎地での高齢化が進み，都市部にある高度医療機関の診療が受けにくいという現状は改善することなく，むしろ悪化しているばかりである。

今も総務省を中心に5Gを活用した数々の実証試験が進められているが，当然のことながら，5Gを使った先進的な遠隔診療サービスの実証実験も優先順位が高まってきた。

和歌山県で行われている実験でも，患者の協力を得ながら循環器内科，整形外科，皮膚科などの科目で，日高川町の川上診療所と和歌山県立医科大学の間を5Gで結んだ遠隔診療の実証試験が行われた。

山間部の川上診療所で実証試験に協力した医師は，まるで県立医科大の先生が隣にいて，患部画像を一緒に見ているような臨場感を感じたと述べているそうだ。

5Gを活用した遠隔診療サービスが実用化されれば，都市部と遠隔地における医療格差の解消にも大きく貢献する。

さすがに，無人運転の事例と違って，こうした分野ではエンターテイメント・コンテンツの出番は想定できない。ただ，放送局はエンターテイメントだけを提供しているわけではないだけに，こうした技術が着々と身近で進展してきていることを伝える役割を果たすであろう。医療ド

■遠隔診療と救急医療

1. 技術目標： 端末あたり平均2－4Gbpsの超高速通信の実現（基地局あたり平均4－8Gbps）
2. 周波数： 4.5GHz帯、28GHz帯
3. 応用分野： 医療（健康、介護）
4. 実施者： NTTドコモ、和歌山県、和歌山県立医科大学、前橋市、TOPIC、前橋赤十字病院、前橋市消防局、前橋工科大学、日本電気、NTTコミュニケーションズ、NTTビズリンク、他
5. 実施場所： 和歌山県立医科大学（和歌山県和歌山市）、国保川上診療所（和歌山県日高川町）、群馬県前橋市、他
6. 試験内容： 総合病院の専門医と診療所の専門医師を5Gで接続することで実現する遠隔診療（診療所）や往診（患者宅）のサポートに関する実証、救急医療における5Gによる搬送中患者の高精細映像・検査データ等の事前送信に関する実証を行う。

5Gを活用した遠隔診療

住診時にも医療機器等で高精細映像を共有し専門医がサポート

5Gを活用した救急医療

救急車両から患者の高精細映像や検査データ、マイナンバーカードに紐づく情報を共有し、医師が適切な処置を準備

出所）総務省

ラマの作り方も変わってきておかしくない。

　5Gの活用により，車の無人運転の話のほうが注目を集めている一方，それが実現するのは随分と先のことだと高を括っている人も多い。個人的な感想ならばどれだけコンサバなことをいっていても構わないと思うが，それが企業経営に及ぶことになると，その企業の行方に不安が持たれることになる。

　とりわけ，都会に住んでいる人のほうが多くなる一方の日本では，無医市町村が多くあることや，そこに医師が不在であるケースが多いことは頭では分かっていても，自らはほとんど実感できていないことが多いに違いない。

　しかし，インバウンドが想定以上の数で増えてくることになると，そうした医療体制の不備なところにも患者が訪れる可能性も大きい。

　そこで外国人だからといって，保険証を持っているかどうかを心配するようでは，あまりにも志が低いといわれても仕方なかろう。5Gを生かしたサービスは，確かに開始時には高額になる可能性もあるが，それを使う頻度が増えてくれば，おそらく別の心配をしなくてはいけなくなるに違いない。

　5Gの活用範囲は，遠隔医療や自動走行だけにとどまることなく，同時平行的に進歩しつつあるAIの技術などとセットで，今の段階では全く想像もつかない利便性を生み出していくに違いない。

　その都度，「まだ先のことだ」といっていた人たちは取り残されていくことになると思うが，それは仕方のないことであろう。

　遠隔医療だけを取っても，一体今まで何度，実現の可能性を喧伝されてきたであろうか。マルチメディアという単語が一世を風靡していた頃から，その恩恵として実現するといわれながらも，結局は先送りになってきたとの事情がある。

それを知る人からすれば，８Ｋだとか５Ｇといわれても，「また，同じことだ」と思われても仕方のないことのように思えるが，実はそうではなく，そういう人たちは節目節目の技術革新を「点」としか捉えてこなかっただけなのではなかろうか。

　ここに来て，技術革新は「点」として捉えるにはあまりにも速く，好むと好まざるとによらず，「線」としてのつながる速さを増している。遠隔医療もいよいよ実現しようとしている。それを現実感を持って捉えながら，他の分野での５Ｇの展開にも目を背けずにいることが重要だと思うのである。

(6) 災害時に期待される活躍

　エンターテイメントも決して軽視してはいけないが，やはりそれよりも重いミッションが多くある。

　日本では異常気象にともなう自然災害が多発しているが，人が立ち入れない災害現場において，二次被害を受ける心配のない無人の建設機械によるがれき除去が行えれば，迅速な復旧に役立つことは間違いない。

　ただし，これをローカル５Ｇで対応しようとするのには無理がある。災害はどこで起こるか分からないことからすると，地域免許を原則とするローカル５Ｇを免許して，特定の場所で災害準備をするのには限度があるからである。

　ソフトバンクが提案している可搬型５Ｇの場合には，使うときに使う場所で５Ｇネットワークを構築できるため，５Ｇを利用しやすくなることは確かであり，災害対策に向いているようにも思える。

　しかし，ローカル５Ｇは，他のサービスとの混信を避けることが１つの条件となっている以上，自由自在に必要な場所に行って機能させるというのは，理論的には賛同できるが，現実論として無理があることは

間違いなかろう。

　こうしたことを考えると，サービスとしては全国バンドのものと考え，災害発生時に素早く災害地で無人の建設機械を稼働できるようにしておくべきだろう。

3　ミリ波活用から見えるケーブルテレビとローカル5G

（1）ミリ波帯とは

　そうした中で，関連する事業者は，5Gの話と併せて，ミリ波帯の活用ということに注目している。

　ミリ波帯というものが，どこの帯域なのかというと，30GHz帯から300GHzという非常に幅の広いところにある。当然のことながら，直進性はさらに強くなるが，それを活用することから得られる成果を考えてみれば，5G程度でへこたれているわけにはいかない。

　実は，今回の5Gの免許割り当てというのが，28G帯なのだが，この28G帯というのはマイクロ波帯の範疇にあり，ミリ波帯ではないのだが，関係者が皆，ミリ波帯，ミリ波帯といって注目している。

　5G活用の目的は，それに関する技術の延長線上でミリ波帯が使えるようにならないかといった狙いがある。

　現状，最も使われている800MHz帯から2.5GHz帯では，携帯電話，地デジ，タクシー無線，警察無線などがひしめいている状況にある。

　今は，800MHzから2.5GHzがよく使われるところだが，昔は中波（300KHzから3MHz）とか短波（3MHzから30MHz）がプラチナバンドであったことを示すネーミングを今でも使っていることを考えると，ラジオがベースだったときの名前の付け方なのだろうと思われる。

　そこから，徐々に超短波（VHS帯）とか超々短波（UHF帯）といったように，電波に係る技術革新にともない，無線システムが使う周波数帯は高周波数帯へ進化していったことになる。

　ただ，高周波数帯の電波は直進性が強いという面がある一方で，情報伝送量が大きいということもあって，この直進性が強いこと（遮蔽物が

あると，そこから先には行かない）の課題を解決できれば，情報伝送量が大きいほうにどんどん向かっていくだろうということで，ミリ波帯というのが，2019年からグローバルで免許帯域が情報通信関係に割り当てられて，ミリ波帯元年とすら呼ばれるようになった。

　まだまだ，これからのスタートではあるが，このタイミングを逃さず，しっかりと対応していく必要がある。

　周波数帯を低いところから高いところまで物差し的に計ってみると，ミリ波帯以前に，これまで使っていた周波数帯の合計は，携帯電話を除くと，ゼロから３GHz帯であり，携帯キャリアが使っているのが３GHzから30GHz帯ということになるのだが，ミリ帯というのは30GHzから300GHzのことをいうので，270GHzになる。

　28GHzがようやく活用できることになったと考えると，まだ端緒についたとしかいえない。大変な広帯域が未使用のまま残されているという点では，世界地図を見たときのシベリアのようだが，実際にはそれどころではない可能性が未開のままになっているということだ。

　帯域幅だけで見ると，携帯キャリア１社あたりの保有帯域というのは，NTTドコモでも４Gまでで260MHz幅である。全部合わせて260MHz幅なので，そこで５兆円の売上げと，当期利益6,600億円を稼ぎ出している。

　帯域幅だけで見ると，260MHzというのはまだまだ小さな帯域で，これから徐々に帯域幅が整理されていくとミリ波帯域には大きな可能性があるということは疑いようがない。

　そういうこともあって，各国の帯域割り当て予定ということで，28GHzとかミリ波帯に近いところの帯域が2019年から次々に割り当てられた。

　グローバルな流れで，一気にミリ波帯の活用にまでいけるのではないかという勢いで進んでいる。ただ，中国がまだ帯域の割り当てが決まっ

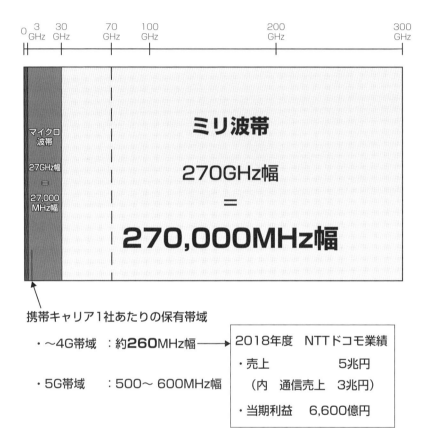

携帯キャリア1社あたりの保有帯域

・～4G帯域 ：約**260**MHz幅 ⟶ 2018年度　NTTドコモ業績

・5G帯域 ：500～600MHz幅

・売上　　　　　5兆円

（内　通信売上　3兆円）

・当期利益　6,600億円

出所）住友商事株式会社

ていないのだが，いずれ帯域が割り当てられると，中国の動き方次第で，世の中が変わってくるのは間違いなかろう。

　一方で，帯域のスピードを，スループット（単位時間あたりに処理できる量のことで，通信回線の単位時間あたりの実効伝送量などを意味する）とか何bpsが出るという言い方がされるが，800MHz帯の100MHzの幅のスピードも，28G帯の100MHzの幅のスピードも基本的には同じなのである。高周波数帯になると，凄く直進性が強まるのでスピードが出るという考え方は間違いで，帯域がたくさん取れるので，この帯域が取れることが大容量伝送につながるわけである。したがって，800MHzから900MHzまでと，28MHzだと28000から29000までとでは，10倍近い帯域が確保できるということで，これがミリ波帯だとスピードが出るとか，大容量伝送ができるということにつながるのであり，帯域を押さえることが実は非常に重要なテーマになっている，

　そういう意味では，非常に広帯域のミリ波帯の活用には開けているので，今後そういったところが整理されていくのであろうと思われる。

　実際，クアルコムのチップでも，70GHzまで対応している。これから，どんどん増えていくことは間違いない。ミリ波帯の可能性を見据えて，これからの活用の第一歩というのが，５Ｇの利活用の裏に隠れているといってもいいだろう。

　５Ｇと同じタイミングで，こういうテーマが出てきたのか，その逆なのかは分からないが，周波数活用は低い方から高い方に向かってきたことを考えると，５Ｇというコンセプトが固まってきたところで，ミリ波帯についても活用可能だという認識が強まってきたというのが素直な理解といえるのだろう。

　利用周波数帯のトレンドということでは，800MHz帯の場合というのは，スカイツリーのような巨大な鉄塔を建てて，高出力で電波を発射し

て各家庭にコンテンツを届けるというモデルなので，1基地局を建てる
のに結構なコストがかかる。

　この800MHz帯が，テレビに使われるプラチナバンドと呼ばれるとこ
ろでよく届くというのは，実は中継塔のコストが随分高いので，携帯
キャリアとか地上波事業者のような大手資本でないと，なかなかこうい
うモデルは採りえない。

（2）ミリ波帯の活用も視野に入れて

　徐々に高周波数帯になっていくと，例えば，2.5 GHzというのは地域
BWAの帯域だが，ここはセルが小さいので2キロとか3キロとか5キ
ロとか，そういったエリアしかカバーしない。

　ただし，1基地局を建てるのに，セルが小さいので，コスト的には
600万円とか700万円とか，それくらいで済んでしまう。そういうセルは
今後もどんどん小さくなっていく。

　そして，ミリ波帯のところでは数百メートルといわれているので，基
地局はさらに小さくなって，弁当箱程度の大きさになるようだ。

　機器はまだ実験段階なので高いが，28GHz帯を活用するモデルが世の
中に広まっていく頃には，100万円を切ってしまう可能性もあるし，設
置コストのほうはすでに随分と安くなっているようだ。

　また，これは実用化フェーズになっているが，実は今，グローバルで
は2.5 GHz帯がモバイルブロードバンドのプラチナバンドと呼ばれてい
る。

　そういう意味では，携帯キャリアももともと，800MHzのところが良
かった時代には，2.5 GHz帯は使いにくいので，この帯域は地域事業者
に割り当ててしまえということになったのだが，今はもうこの帯域がス
ピードを確保するためのモバイルブロードバンドのプラチナバンドに

なっていて，今，地域BWAに使っている帯域は非常に良い帯域だということになって，盛んに取り上げろといっている。

この手の話はモバイルの世界ではよくあることなのだが，まずは5Gの延長線上でミリ波の活用を進めるということのほうが優先順位は高いのではなかろうか。

（3）住商の実験

すでに述べたように，米国ベライゾンが，ローカル5Gを使って，光の通らない集合住宅などへのラストワンマイルとして使おうというプランを日本でも取り入れようという動きがある。この個々のケーブルテレビが取り組むのには難しい検証作業を，住友商事（以下，住商）が行うことになった。

5Gは直進性が強い周波数帯を使うことから，遮蔽物があるとそれを超えられず，簡単にいえば，集合住宅の窓1枚すら通らないということから，それをケース・バイ・ケースで検証してみようという作業を行った。

住商としては，こうして地方創生を支えていこうということで，5Gの利活用の可能性を検討するということ，デジタルトランスフォーメーションの柱に5Gがなり得ることと，こうしたフィールド実証を行うことで，今後，期待される高周波数帯域の電波特性の検証を行うということに挑んだということである。

NICT（情報通信研究機構）とも連携すべく，住商として3年間のローカル5Gに関する共同研究契約を結んで，電波関係の研究を行っている。

また，ヤマト科学の人工気象室の協力も得て，雨・風の影響を検証することとした。マトリクスとして，屋内と屋外，都心部と地方に分けて，

屋外の地方では愛媛CATVと協力して検証を行い，屋外の都市部では
J:COM練馬局のほうで検証を行い，他にも都心部のオフィスビルと屋内
の地方工場で検証を行った。

　NICTの伝搬室で検証したようだが，伝搬室は借りると凄くコストが
かかるのだが，共同研究ということもあって，これを無料で提供しても
らえたという。基地局はA4サイズで非常に小さなもので済ますことが
できた。

　端末機を用意して，基地局との間に衝立を立てて，そこに雪とか氷と
か，そういうものを置いて，どれくらい影響があるかを検証した。ミリ
波帯に近づくほど，電波の直進性が強くなるが，遮蔽物に弱いため，電
波が回り込めないことは承知済みであったが，それがどれくらい影響が
あるのかということを，一通り検証してみようということになった。

　氷とか雪とか，人体，樹木，そういうものの影響を検証した。氷につ
いては，厚さ10センチくらいのものを2つ並べたり，3つ並べたりして，
ミリ波帯に近くなっても，どういうふうに制御できるかということを試
しているようだ。

　樹木も結構な影響があって，雨が降ったときの影響が大きく，濡れた
樹木だと影響が大きくなることが明らかになった。人体も80％は水だと
いわれているだけあって，遮蔽物になることが分かった。

　あとはガラスの影響である。これは，AGC（旧旭硝子）が協力して
くれて，24種類のガラスで，厚さとか，スリガラスとか網ガラスとか，
そういうものを持ってきてくれて検証することができた。斜めにガラス
に入射すると，電波が通ることもあるらしい。

　すなわち，直進ではなくて，斜めに入れると全く違うようで，それは
AGC側がアドバイスしてくれて，こういう検証をしたほうが良いとい
うことを教えてくれたという。また，結露のところについても，どうい

■ ローカル5G無線の品質検証（品質劣化と反射）

ローカル5G無線（28GHz帯）の**遮蔽物に影響を受けやすく、反射しやすい**等の電波特性がサービス品質に与える影響を測定検証する

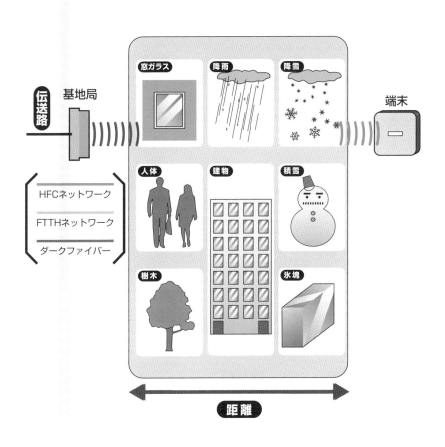

出所）住友商事株式会社

う影響が出るのか測定できたという。

　愛媛CATVとの共同実証では，基地局までは光で送って，基地局からは5Gで飛ばすということを行って，最初は見通し良好地点で1キロくらい飛ぶだろうかということで検証した。見通し良好地点をどういうふうに作るかなどということも試みて，端末は1キロ先に置いた。それでもそこそこのスピードを十分に出すことができた。

　1キロでも十分に届くということで，大体，100MHzだと500Mbpsが速度的にはマックス値なのだが，そうした中で400Mbpsは出せたということだ。

　逆に，今度は見通し不良地点での実証だが，200メートルくらい先のところに見通しを遮っている建物があって，200メートル先の端末機では，さっきの400Mbpsが1Mbpsしか出なかったということで，建物の影響が凄くあることが改めて明らかになった。

（4）「反射」が重要に

　そういう中で，ホームセンターで売っている4,500円のアルミ板を使って実証をしてみたところ，さっきの建物の中で基地局が見えるところに置いて反射させると，どんどんスピードが増していって，400Mbpsまで出すことに成功した。

　直進性の強い電波にとって反射は非常に重要だということが改めて明らかになったという。それから，8Kの伝送についてだが，基地局まで光回線で行って，そこから5Gで540メートル先に飛ばしたところ，大体90Mbpsくらいが確保できれば十分に通るといわれていたのだが，その検証にも成功した。

　また，4Kのライブ映像というものも，取り扱ってみて，デモ会場で踊っている人たちを4K映像で撮って，コアからライブ配信したが，生

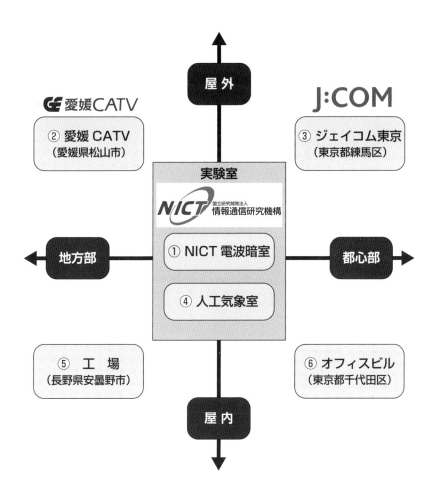

■ 実証実験のマトリクス図

出所）住友商事株式会社

放送も十分に映像として，４Gではなかなか難しい帯域のところを，５Gだったら結構いけたという成果を得た。

　練馬区の実験には，東京都知事も見学に来たようだが，屋内の奥まったところに端末機を置いても，反射効果をフルに使えば，しっかりとつながることが実証された。そこで，屋内では反射するということで，ここでもアルミ板を使った。

　人の後ろに端末があって，このアルミ板を通して5Gを反射させて，これで接続が確保できるということをスカイプでライブ実況をした。

　人工気象室では，雨と雪の影響を検証したのだが，雪を降らせて，それが雨に変わるケースや，雪が積もったところについても検証したかったのだが，あまり雪がパーっと降るというよりも，ちょっと霧状の雪しか降らせることができなかったが，今後の課題として検証していくという。確かに，屋根から雪下ろしを頻繁に行う必要のあるところで，電波がつながるかどうかは重要だ。

　反射の影響が決め手になるところは，いわゆるスマートファクトリーの実現に向けて，重要なポイントになりそうだ。

　反射の影響といっても，いろいろな部材がどう反射するのか，特に工場内では壁の材質によってどれだけ反射するのかという問題があって，コンクリートの場合にどうかということも実証のポイントとされた。反射部材を置いて，一部は材質によって透過することも明らかになった。

　また，VR（virtual reality）の実証なども行った。住商の竹橋ビルの中に，基地局を設置して，それを端末機で受けるということもやったが，実際はもの凄く反射するので，遠くにいても全く問題なく受信することが分かった。

　いろいろと端末機の向きを変えてみるとか，アルミ板を置いて反射させるとか，仮に反射している場所が決まっているのなら，そこに電波吸

■ 反射特性の検証（鉄板・アルミ板・コンクリート等）

ミリ波帯の反射特性による影響を検証する

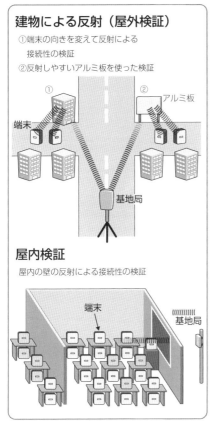

建物による反射（屋外検証）

①端末の向きを変えて反射による
　接続性の検証
②反射しやすいアルミ板を使った検証

①
②　アルミ板
端末
基地局

屋内検証

屋内の壁の反射による接続性の検証

端末
基地局

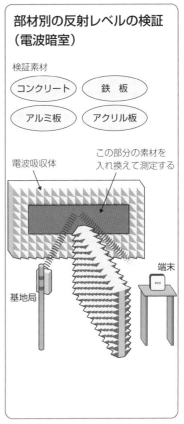

部材別の反射レベルの検証（電波暗室）

検証素材

コンクリート　　鉄　板

アルミ板　　アクリル板

電波吸収体
この部分の素材を
入れ換えて測定する

基地局　　　端末

実証事業者：愛媛CATV（愛媛県松山市）　ジェイコム東京（東京都練馬区）
NICT（神奈川県横須賀市）

収体を置くと，反射しなくなる。どこから反射しているのかという検証をこうして行った。

VRという大容量映像の伝送が必要なところを，竹橋のビルと大手町のビルで遠隔会議のようなことをやってみて，大手町で会議をやっているところに，あたかも自分が竹橋から参加しているかのようなVR映像が実現できた。

さらに安曇野の工場では，電波の特性を検証したが，工場の中も物凄く反射して，全然見通しが悪くても十分につながったという経験値も得られたようだ。

重機があって，間に挟まるように置いてあっても，スピードとしては130Mbpsで悪かったのだが，少し向きを変えることによって，最初はその重機が邪魔していたのだが，反射させれば届き，スピードも向上したということで，反射波を上手くコントロールすることが重要だということが明らかになった。

こうした実証実験が積み重ねられていくことによって，ローカル5Gの使い勝手が飛躍的に向上することは間違いない。

これだけの実験を行いながらも，住商自身は自ら免許を取得するつもりはなく，ケーブルテレビが免許を取ることを前提としている。そう考えると，ケーブルテレビ各社ももっと前のめりになって良いはずだし，5Gの基本的な特性は，全国バンドもローカル5Gも変わらないことを考えると，5Gの魅力だけを声高に喧伝するのではなく，その弱点をいかに克服するかまでを正しく把握しておくことが重要なのではなかろうか。

（5）ケーブルテレビに求められる当事者意識

全国バンドの5Gは，NTTドコモ，KDDI，ソフトバンク，楽天に免

許が交付されたが，いよいよ個別エリアごとに展開されるローカル5G
の免許の交付が始まる。

　米国ベライゾンが実験を始めた光の通らないマンションへのラストワ
ンマイルとして使うことが，日本のケーブルテレビ各社にも期待されて
おり，住友商事が業界コアを作って実験を行っている。業界コアがあれ
ば，ケーブルテレビにとっての投資負担が減ることから，参入に向けた
ハードルは大きく下がることになる。

　また，1カ所の工場にローカル5Gを導入することによって，工場内
の情報流通が有効になるスマートファクトリーや，農業地帯でも場所を
区切りながらローカル5Gを導入することによって，農作業の効率化が
見込めるといった使い方も有望視されている。

　ローカル5Gの場合には，人間が使うということに限らないことから，
免許の交付のされ方もそれぞれの使い道に合った形となるだろう。

　とりあえず，2019年の12月からローカル5Gの申請受付が行われたと
いうことだが，最初はスマートファクトリーや農場向けの免許から始ま
るといわれている。

　2020年2月18日に，富士通が国内初となるローカル5Gの免許を受け
た。スマートファクトリーの検証を行う予定だ。

　ローカル5Gは高周波数帯を使うことから，直進性が強く，何か遮蔽
物があると，それに遮られてしまうといわれている。

　そこで住商が実験を行っているわけだが，窓際になるかどうかはロ
ケーションの状況次第かと思うが，まずは5Gの情報が家屋内に入るよ
うにしなければならない。

　米国ベライゾンも，この点では相当慎重に実験を繰り返しており，い
ろいろなパターンを想定して行っているようだが，日本でも住商がケー
ブルテレビと組んで実験を続けている。

どうも5Gになれば固定回線のトラフィックの問題も含めて，すべての問題が解決すると楽観視している人たちが多々見られるが，それは明らかに誤解である。

　ベライゾンや住商が実験を繰り返しているように，直進性の強い5Gの情報を，光の通っていない集合住宅に入れるのは簡単なことではない。

　例えば，窓ガラスに受信装置を設置するにしても，ガラスの厚さによっては，そこまでしなくても通るケースが見られる。そのため，ガラスの厚さや，ガラスの種類によって，5Gの情報が入るのかどうかの実験も行われている。

　また，窓ガラスの近くに樹木がある場合，木の幹の部分はもちろんであるものの，葉が生い茂っている程度ならば，どのレベルなら大丈夫なのかというところまで実験をしている。

　窓ガラスに受信装置を装着させて5Gの情報を集合住宅内に取り込むことに成功しても，そこから集合住宅のどこまで情報が広がるかという点も一様ではない。場合によっては，ワンフロアをカバーするために，フロアの中で何カ所の受信機が必要なのかということも問題になってくる。

　基本的には，5Gの情報を広く展開していくためには，相当数の基地局が必要になる。全国バンドの事業者が大手携帯キャリアに免許されたのも，それだけの数の基地局を設置できる体力があると見込んだうえのことである。

　ローカル5Gの場合には，カバーするエリアが非常に限定的になることから，基地局の設置数も少なくて済み，それならばケーブルテレビのラストワンマイルや工場，農場といった規模の中での対応は可能だろうと考えられた次第である。

　大手携帯キャリアも少しずつ時間をかけて基地局整備を行い，展開で

■ CATV局でのローカル5G活用例

ローカル5Gをラストワンマイルに利用し、CATVサービスが提供可能か検証

CATV局

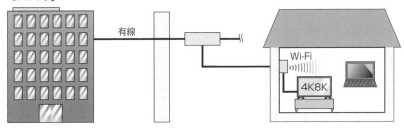

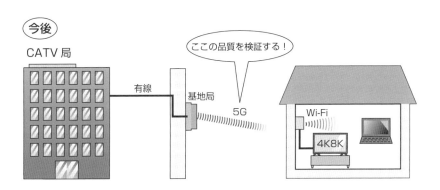

出所）住友商事株式会社

きるエリアを広げていくものと思われるが，それだけではスマートファクトリーも農場に導入するのに時間がかかることは間違いない。

（6）参入はアイデア次第

ケーブルテレビのラストワンマイルに使うにしても，周到な準備が行われることは不可欠である。

そうした事情もあって，J:COMやNTT東西も参入できるようにしたわけである。大手キャリアの子会社に帯域を割り当てることには問題があるのではないかという議論もあったが，KDDIの子会社であるJ:COMや，NTTドコモの関係会社であるNTT東西も参加できることとなった。

住商がケーブルテレビ業界のために，それだけのバックアップをしているというのに，ケーブルテレビ局にもよるが，相変わらず「儲かるのか？」という目先の売上げしか見ていない局が躊躇しているようだ。吉崎ケーブルテレビ連盟理事長が各支部を回り，説得しているところだ。

ケーブルテレビ連盟内では，5G，FTTH化，共通プラットフォーム構想，ID連携などなど，次々と将来に向けた先行投資の企画を示しているようだが，相変わらず動かないところが多く見られるという。一部のケーブルテレビ局の幹部からは「我々が払っている会費を使って，何をしているのか？」という批判まであるということで，やはりこの業界内における統合淘汰の必要性は，地上波の地方局どころの話ではないと痛感した。

そうしたケーブルテレビに限って，5Gの強みや弱みを把握することなく，5Gの時代が来れば，すべての問題が解決するといった誤解をし続けているようだ。

光の通らない集合住宅は，全国各地に非常に多くあるようだ。管理組合にブロードバンドの必要性を説いても，居住者の同意を取り付けるこ

とは難しいということのようだ。

　それだけに，ローカル5Gをラストワンマイルに使うという考え方は非常に的を射ていると思われるのだが，実験に真っ先に協力したのは，愛媛ケーブルとJ:COMの練馬区と港区の3カ所だけのようだ。

　他人事のような顔をして，実験結果を見守っているところが多いということだ。先ほどのベライゾンの例ではないが，集合住宅といっても，その環境はさまざまである。それを1つひとつ解決していこうという努力を惜しんでいては，何も始まらない。

　J:COMや住商に任せっ放しにしているようでは，おそらくそこまでのバックアップは得られないだろう。

　理想的なのは，愛媛や練馬・港区の実験結果を見て，自分たちのエリアの中でも応用が利きそうな集合住宅を見つけ，自らも積極的に実験してみることだろう。その結果が上手くいくかどうかというところまで確認できたところで，住商等に相談するというのなら分かるが，何もしないままどこかのタイミングで申請に応募するというのは，さすがに虫が良すぎだろうと思えてならない。

（7）周到な実験が行われている

　もっとも，自社の加入者の利便性を増すような努力をしようとしないケーブルテレビが市場から退場していくことになるのは，加入者にとっても利用する事業者を変える良いチャンスといえるのかもしれない。代わりに進出してきた大手通信事業者が，サービスの乗り換えを促しにきたときの判断もしやすいのではなかろうか。

　4K，8Kとテレビ放送の高画質化も進んでいく。集合住宅に住む人たちからすれば，低コストで対応してくれるのであれば，これまでのケーブルテレビへの義理など感じないに違いない。

住商の行っている実験を見ても，本当にそこまでやる必要があるのか
と思われるほど周到である。それが誰のために行われているのかすら分
からないようでは，事業者としては失格である。

　５Ｇの利便性の高さばかりを見ていないで，その弱みを克服していく
努力をしない事業者に，５Ｇの利便性をアピールする資格はない。

　ケーブルテレビの協力を得て周到に実験を行っている住商は，①窓ガ
ラスについては，⑴窓ガラスの種類は，Low-Eガラスはサービス不可，
⑵電波入射角は，60〜70度以上では問題あり，⑶雨滴・結露について，
ガラス表面の水滴の影響は軽微といったところまで経験値を積んでおり，
②人，樹木，積雪は問題だが，氷は問題なし，③距離は１キロメートル
以内は問題なし，④建物の遮蔽は問題，といった細かな点まで実証して
いる。もちろん，それがすべての集合住宅棟に当てはまるかどうかは分
からないが，何もしていなければ得られない結論である。また，他にも
相当に細やかに実験が行われている。

　この市場に，ＮＴＴ東西や他の事業者も参入してくるようだが，全く
違う視点での活用を目指している可能性は高い。

　ローカル５Ｇの免許交付が順次始まった。申請直前に慌てて準備して
いるようでは間に合わないことは自明の理である。

（8）実験は続く（５Ｇも，おおむねローカル５Ｇと変わらない）

　５Ｇもローカル５Ｇも，おおむねその性格は変わらないので，ローカ
ル５Ｇの実験が進められることによって，それを全国展開する５Ｇ事業
者にとっても参考になるという事情がある。実証実験については，住商
が行っているものが最も多く聞こえてくる。

　遮蔽物を上手くよけながら電波を飛ばせる距離についてだが，受信電
力というのが距離に応じてどんどん下がってくる。受信電力は，マイナ

ス55dBmで通常良好状態といわれる。

　dBmとは，デシベルミリワット（dBmW）を指し，電力の1ミリワット（mW）を基準値として表した単位である。あくまでも基準値と比べての単位なので，マイナス値が出てくることは不思議ではなく，数字が大きければ良いとか少ないから悪いとは限らず，適正な数値に近ければ良いと考えるべきものである。

　この受信電力が，距離に応じて，どんどん下がってくることになる。マイナス110とかマイナス100近辺になると，接続がパチンと途切れてしまう。

　ただ，受信電力がそこまで下がらなければ，スループット（一定時間の通信速度）は，ちゃんと確保されるということなので，受信電力がある一定の値を超えてしまうと，スループットも接続がパチンと切れてしまうのだが，そこまでの間はちゃんとスループットで確保されるようだ。

　受信電力とスループットの関係というのが，実証実験の中でもかなり重要なテーマだった。すなわち，受信電力が下がると，スループットにも大きく影響してくるという話があったのだが，実はつながっている状態であれば，スループットにはほとんど影響がないということが分かったのは，検証の大きな成果であったようだ。

　それから大きいのが，反射の影響である。もともと基地局と端末機の間に建物があるところでは，マイナス110となって全然つながらなかったのだが，これをアルミの反射板を通して反射させながら送ると，数値が大きく改善することとなった。

　直接受けるのと同じくらいの品質まで改善したということだ。反射板を使うと結構改善するということが非常に良く分かった。

　また，周波数が高くなればなるほど，ビームフォーミングという手法を使って，電波の出力をグッと束ねて，ビームのように発射することに

よって強く送れることが明らかになった。

　今まで，１本１本だと減衰が大きくて，なかなか届かなかったものをビームにして，束ねて送ることによって，減衰をできるだけ少なくして，しかも直進性を持った電波にするということで，電波の発射方法もこういうことができることを実感したようだ。まさに，技術革新の成果を実体験したということだろう。

　反射の部材の話については，ケーブルテレビ事業者は，電柱にノード（線と線の結び目を表す言葉で，ネットワークの接点，分岐点や中継点などを意味する）を持っているので，ここにCMTS（Cable Modem Termination System：ケーブルテレビ網を用いてインターネット，高速データ通信を行うための機器）とケーブルモデムの先に基地局をつないで電波を発射できれば，バックボーン回線とか，新たな敷設コストが随分と下がるので，そこについての検証も深めていく価値はありそうだ。

　また，OLT（Optical Line Terminal：光ファイバーを用いた加入者回線網（公衆回線網）において，通信会社の局側に設置される光回線の終端装置）のところもFTTHネットワークのところもそうなのだが，これができると強みになるだろうとの検証も行っている。ダークファイバーは，１本１本引くことになるので，大手キャリアも行っている基地局に対してファイバーを引くということだが，これは結構大変で，場所の問題とか，そういうところで新規参入の楽天も苦労しているようだ。

　しかしながら，ケーブルテレビはもうすでに電柱を借りて事業を行っているので，同じことを行えないかという検証をしているのだが，そういうときにHFC（Hybrid fiber-coaxial：CATV局のセンター局（ヘッドエンド）から光ファイバーで配線し，途中で光‐電気コンバーターによって各家庭には同軸ケーブルで配線する）だと，どうしても遅延の問題が出てきてしまうことが避けられないようだ。

■ 5G のネットワーク構成

✓5G では、LTE の 100 倍となる超高速、多数同時接続や LTE の 10 分 1 と
なる超低遅延といった 5G の高い要求条件に対応するため、柔軟な無線パラメ
ータの設定により、ミリ波を含む幅広い周波数帯に対応する LTE との互換性
のない**新たな無線技術（5G New Radio（NR））**が検討

✓高い周波数帯（SHF 帯、EHF 帯等）におけるアンテナ素子の小型化、多素子
アンテナの位相や振幅制御により、指向性を持たせたビーム（**ビームフォーミ
ング**）を作り出す超多素子アンテナ（**Massive MIMO**）が期待

5Gの新たな無線技術 (5G NR)

●超高速実現に必要となる数百 MHz 以上の広周波数帯域への対応や、ミリ波などの
高い周波数帯への対応、超低遅延を実現する無線フレーム構成等の新たな無線技術

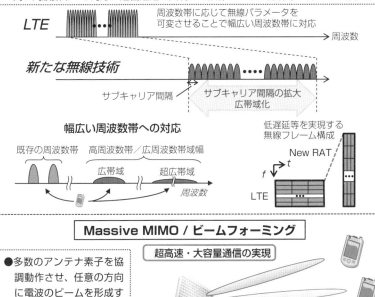

LTE

周波数帯に応じて無線パラメータを
可変させることで幅広い周波数帯に対応

→ 周波数

新たな無線技術

サブキャリア間隔

サブキャリア間隔の拡大
広帯域化

幅広い周波数帯への対応

既存の周波数帯　　高周波数帯／広周波数帯域幅

広帯域　　　超広帯域

→ 周波数

低遅延等を実現する
無線フレーム構成

New RAT

LTE

Massive MIMO / ビームフォーミング

超高速・大容量通信の実現

●多数のアンテナ素子を協
調動作させ、任意の方向
に電波のビームを形成す
ることで、カバレッジの
拡大、複数ユーザとの同
時通信によるセル容量の
拡大などを実現

ビームフォーミング

Massive MIMO アンテナ
（例：256 素子）

出所）総務省

やはり，電気と光の変換であるとか，ノードのところであるとか，どうしても機器を間に入れるので，そういったところからも含めて，やや遅延が出てくるということが測定の結果として明らかになった。

HFCの場合でも，ギュッと縮めようということは米国のラボでも検証が随分と前から始まっているので，今後の技術的な改善があることは期待されるものの，現状ではこういう形になって，遅延が足を引っ張る結果となっている。

通常の大容量伝送とかでは良いのだが，例えば，5Gならではの低遅延が生かされるものとして，映像の同時再送信にはサービスレベルを下げることになりかねない。

まして，遅延の問題が解消されないと，無人運転とか遠隔医療も，特に遠隔手術などは不可能になってしまう。そうした遅延の問題は解決を急がねばならないだろう。

（9）実験の成果はオープンに

ここまでの実験を総括すると，自然現象についての実験で，降雨，降雪の影響というのは，ほとんど見られないことが検証されている。降雨，降雪の影響がないことは，実証実験をする前からベンダーからも確認されていた。それでも検証してみようと試みたところ，結論としては，ほとんど影響はないことが再確認された。

よく衛星の映像が，雨が降ると乱れるといったことがあると思うのだが，5Gについては程度の問題も含めて分からないことから検証したところ，ビームフォーミングという強い電波にする技術があるせいか，ほとんど影響はなかったといっても差支えないようであった。

5メートルという距離の短い計測であったことも確かなのだが，それでも差異があるかも知れないと思われたようだが，ほとんど差異は見ら

れなかった。

地球温暖化対策として，グローバルスタンダードとなりつつある
Low-eガラス（間に金属膜が入っている）に対しては，電波を通さない
ためサービスは不可なのだが，１，２年の間に相当大きく変わることに
なりそうだといわれ始めている。

電波入射角は，60度，70度になると，ちょっと問題があることは間違
いない。反射について，市販のアルミ板でもかなり反射することが明ら
かとなり，遮蔽物に弱い以上，反射させることが凄く生きてくることが
分かったことから，特別な装置でなく市販のアルミ板で十分に機能する
ことが分かったところは大きかったといえるだろう。

あとは，HFCはダークファイバーの回線と比較して遅延が大きいと
いう問題が残されているが，遅延を補完する工夫を考えれば，５Ｇなら
ばHFC回線でも十分にいけそうだということも分かった。

また，オフィス実証は，建物のエントランスで検証したことに加えて，
竹橋のビルにいながら，大手町のビルで行われている会議に参加してい
るかのようなことは十分に実現できた。

これも普通にVRの映像を５Ｇで伝送したということに過ぎない。工
場のほうは，東京の大手町からVRで映像化をして，安曇野の工場に，
あたかも自分がいるかのような形で見ることができて，遠隔監視のよう
なことを実現させた。

地方の工場では，人口減少でなかなか人手が足りなくなってくると
いったようなところを，都会のように人がいるところから遠隔監視をし
て，今は工場内で目検でやっていたりとか，人の手でやったりしている
ことを，徐々に遠隔監視の技術が生かされ始めている。VRも映像が大
容量になってくるので，４ＧであるとかWi-Fiであるとか，そういうも
のではなかなかやりにくくなっている。

工場については，機器がたくさんあるところについては，配線をこね
くり回してやると，またコストがかかるとか，安全性の問題とかもある
ので，これを5Gと光ファイバーで解決できると，かなり安全性，効率
性の向上が図れることが分かった。

住友商事では，いろいろな事業部で5Gの活用に向けた取り組みを
行っている。ドローンとかAIとかIoTとか，各事業部で，全産業に跨っ
た話であるので，上手く活用していこうという形で臨んでいる。

ケーブルテレビ事業者それぞれがコアを持ってやると，やっぱり数億
円かかってしまうので，それを1社でやるのは難しかろうということで，
ケーブルテレビ連盟と協力して，しっかりと建てつけていこうとしてい
る。

その中で，住友商事が持ついろいろなソリューションを上手く組み合
わせながら，地域の事業者や地方自治体とかにケーブルテレビと一緒に
なって提供していこうという絵を上手く描いていくべく検証が続けられ
ている。

2020年3月までは実験予算も国から出ているようなので，今後も新た
な進展が見られるだろう。それを活用することによって，5Gの機能が
さらに拡大していくことが期待されるところである。その成果は，ここ
まで書いてきたものとなるはずである。

(10) 5年後の存亡を分かつケーブルテレビの経営スタンス

90年代は，ケーブルテレビはもちろんのこと，地上波放送事業者にし
ても，投資意欲は非常に旺盛であった。それは放送業界に限らず，日本
の産業全体にいえたことである。

一方で，90年代というのはバブル崩壊に始まり，リーマンショックで
終えた時期でもあり，21世紀に入るや否や，各産業は一斉に事業をシュ

リンクさせることになっていった。

　景気後退の影響は，事業の種類によって変わってくるのだが，放送業界，とりわけ有料放送サービスは，ダメージを受けるのが遅かったように思う。広告費は真っ先にリストラの対象になるというが，ゼロにするわけにもいかないこともあって，少しずつ悪化していくこととなった。

　逆に，アベノミクスの登場時に景気が急上昇したときには，放送業界の収益回復に遅れが見えたわけだが，景気変動の影響は事業によってさまざまなので，仕方ないと言えば仕方のないことである。

　広告費，交通費，交際費はリストラのときにメスが入りやすいことから景気悪化の影響を早く受けそうなものだが，どこまで削るかの判断が難しいため，事業者ごとの経営指標を見ても少しずつしか減っていないのが普通である。景気が回復期になって，世の中が浮かれているときに，広告費，交通費，交際費がなかなか増えないという経験をされた方も多いと思うが，適切な水準というものが明確であるように見えて，そうではないからである。

　ただ，90年代に地上波事業者やケーブルテレビがしっかりと投資を行っていた成果は今に生きていることは間違いない。

　それが実感できれば良いのだが，積極的に投資を行ったところで，それが収益に貢献するのに大変な時間を要することもあり，慎重な経営スタンスを採る経営者が多くなってしまったことも事実である。

　特にケーブルテレビの世界では，J:COMは経営者にも恵まれ，成長軌道に乗り，完全に他のケーブルテレビとの差を拡大してみせたが，他のケーブルテレビからすると，投資を行った結果が成果として現れ，ようやく黒字化してきたというところで，また新たな投資をしろといわれると，また赤字に逆戻りするのかという印象を持ちがちになるのも無理はない。

それがFTTH化やローカル５Gへの消極さに現れているといっても過言ではなかろう。しかし，それをやらないと，継続的な成長を遂げていくことは難しくなる。

(11) 継続的な成長を目指して

　競争のない事業であれば，継続的な成長を急ぐ必要はない。かつての地域独占であった頃のケーブルテレビ業界であれば，そう考えることを間違いだと指摘することもなかったように思う。

　ただ，今は，昔から「大手通信事業者に負けるな」といった掛け声だけで済んでいたことが本格的に起こり始め，具体的に対応していくための戦略を打ち出さねばならない状況になっている。もはや掛け声だけでは倒れるばかりである。

　これからの大競争時代を迎えて，インフラ投資の本質的なところを理解せずに，短期的に利益を上げていきたがる経営者は，このタイミングにおいても設備投資をしないほうが良いと考えてしまうに違いない。

　５年後のビジネスを考えると，今投資しておかないと，５年後には大変な危機を迎えることが必至だという事業構造を考えておくべきなのだが，サラリーマン経営者の場合には，特に自分の任期の最中には利益を落としたくないと考えがちだ。

　５年後を迎えたときに，あのときに投資をしなかったばかりに，大変な事業価値を毀損することになってしまったと気づいても遅いのである。

　そうした評価軸を持って投資に向かわないで，今の利益を確保することに専心することが，結局のところ事業を衰退させるということにつながりかねない。

　ケーブルテレビにとって，ローカル５Gは集合住宅向けのラストワンマイルに過ぎないという思い込みも間違えていて，FTTH化には対応済

みだから，ローカル5Gは要らないなどと単純に考えてしまうことも危険である。

ラストワンマイルとして使うというのは，米国ベライゾンが考えた活用法の1つでしかなく，ベライゾンもそれしかしないわけではない。ただ，ローカル5Gの場合には，免許申請に期限がないといわれるように，混信さえしなければ，いくらでも新しいサービスが展開できるのである。ケーブルテレビが地域密着を謳うのであれば，自社がカバーするエリアで，どういった新たなサービスがあったら便利だろうかといった視点を忘れてはならないということだ。

ちゃんとFTTH化を進めた事業者にはローカル5Gは要らないということなら，住商とNTT東西が対立するような構図に映っていることから，おかしいことになる。ケーブルテレビも景気変動の影響を受けた経験があるからか，どうしても腰が重くなりがちなのは分かるが，もう少しいろいろなバージョンでのアイデア勝負に出るべきであり，そういわれてもピンと来ないなどというのなら，もう地域密着という看板も降ろすべきなのではなかろうか。

(12) 新規事業についての考え方

ケーブルテレビの多くに必要な視点として，新規事業というのは，新規事業だけの採算を見ようと考えるのではなく，新規事業を入れることによって，自社の事業全体がどうなるかを見極めることが軸になるべきである。

5GやFTTH化に積極的に取り組むべきだといったときに，それをやることによって，どれくらいの利益が見込めるのかといった言葉がすぐに返ってくるが，そういった個別の事業をバラバラ見ていたのでは成長はあり得ない。

■ 5年後に生き残るケーブルテレビ事業者は100社？

大手通信事業者の侵攻が始まり、事業環境は急速に悪化し始めている 「守りの投資」に対して、あまりにも関心が薄い

ケーブルテレビ事業は、地域独占で免許されることになっており、その制度に何十年も守られてきたせいか？

通信サービスはそうは行かないことに気づいていないところが多い

ケーブルテレビ事業者の収益源が、通信サービスに変わっていったことも大きく、電話やインターネットが中心だが、放送サービスよりも売上高が大きいところが魅力であった

放送サービスと通信サービスを両輪として運営すべきであったが、多チャンネル放送の伸び悩みで偏っていった

MVNO事業も軌道に乗り始めたが…

大手キャリアが端末料金と通信料を分けなければならなくなり、MVNOも接続料が下がることが期待されるが、その分、売り値も下げざるを得なくなり、ビジネスとして成り立たなくなる

通信サービスは大手に根こそぎ乗り換えられかねず、「守りの投資」が不可欠になる

環境が変わる中でも「何とかなるさ」といった楽観的な考え方が目についてならない

「５Gは採算が取れないから，様子見をしよう」といっている事業者と，それを入れることによって，いろいろな波及効果があり，いろいろなアプリケーションができるといった考え方をする事業者との間では，本当に大きな差が生まれてくることになる。

住商がケーブルテレビ連盟の意を受けて作った５Gのコアとは，有線と無線の融合コアであって，別に有線だけのコアだとはNTT東西も考えていないだろう。インフラがどうであろうと，５Gコアというのは，有線も無線もちゃんと活用できて，有線・無線融合のコア設備なのだという考え方が，５Gコアの思想の中にはある。そういう意味では，５Gは無視しておいても，有線のところは安泰だということにはならない。

ローカル５Gで重要になるB to B ビジネスのように，ケーブルテレビがなかなか経験値を持っていないところについて，ソリューションを提供するとか，そういうことについては住商が持っているいろいろなアプリケーションなどを一緒に使うとか，いろいろなビジネスドメインがあるので，そういったところをケーブルテレビと一緒になってやっていくことを考えているに違いない。

仮に，パナソニックとかNECが同じようなビジネスモデルでやろうとしたとしても，ベースとして必要なインフラを持たないので上手くいくのかどうかは疑問が残る。

やはり，住商にとって一番の競合となってくるのがNTT東西であろう。インフラを持っているし，各拠点にサポート部隊もあるし，既存の強力な機能をフルに活用できるからだ。

そういったところが強みを発揮してくるのではなかろうか。そういう意味では，ケーブルテレビも，NTT東西とインターネット接続サービスでガチンコで競合しているけれども，伍してやっていけるエネルギーのあるところと組まないと難しくなっていくことは間違いない。

住商も一応，ケーブルテレビと一体となって事業を進めて，ケーブルテレビが持っていない顧客層についても，ケーブルテレビと一緒になって取り込んでいくことを目指している。

　全国バンドの５Ｇは，大手携帯キャリアに割り当てられる公衆ネットワークであり，全国均一のサービスといった位置づけになっていくと思われる。それでも，これまでの４Ｇ/LTEとは非連続で飛躍的な進化を遂げたものだけに，無人運転や遠隔医療といったことを実現していく可能性を占めている。

　一方，ローカル５Ｇとは，エリアごとの独立ネットワークでもあり，地域ニーズにも合わせた柔軟な活用ということが期待されて，2019年に導入されたわけである。決して，ローカル５Ｇがラストワンマイルとなるためなどと規定されてはいない。

　むしろ，注目すべきなのはエリアごとのネットワーク，地域ニーズに合った柔軟な活用のほうであろう。

　ケーブルテレビがそれをどう生かしていくかによって，５年後の存亡が決まっていくと思われる。

(13) ローカル５Ｇの申請状況

　全国バンドの５Ｇは，すでにNTTドコモ，KDDI，ソフトバンク，楽天の４社に免許され，2020年の春から順次，商用サービスが開始されることになっている。

　一方，携帯キャリアでない企業や自治体などの事業者が，建物内や特定地域などのエリアで提供するローカル５Ｇのほうは，総務省が2019年９月28日から10月28日までに意見募集を行い，そこで提出された意見を踏まえて，「ローカル５Ｇ導入に向けたガイドライン」を策定した。

　それをベースに，同年12月24日からローカル５Ｇ無線局免許の申請受

付を開始した。そして，受付開始と同時にNTT東日本やNEC，東京都など合計10の企業・自治体が総務省に申請した。自らはコア・ビジネスに特化する住商とともに共同でグレープ・ワンを設立したZTV，愛媛CATV，秋田ケーブルテレビ，ケーブルテレビ（栃木），となみ衛星通信テレビも申請している。また，ケーブルテレビ最大手のJ:COMも早々に手を挙げた。

　BS放送や110度CS放送の認定の場合などには，わざわざ申請の最終日に揃って申請するケースも多く見られた。これは限られた帯域をめぐる競争となるため，最後の最後まで競合事業者の様子をチェックしておきたいからであると思われる。

　そういう意味では，今回はローカル5G用の100MHzについての利用申請ということになるものの，携帯キャリアや他のローカル5G事業者との混信さえなければ，総務省が活用効果等を審査することによって，いくらでも免許されることになっている。

　そのため，他の事業者との混信が見られそうな場合には，早く申請を出したほうが有利になるのは間違いないことから，いち早く申請に踏み切る事業者が多かったということになる。2020年の夏場以降に，次々と申請者が手を挙げてくることが予想されている。

　ローカル5G用には，11000MHzの周波数帯が用意されているため，今回の100MHzに続いて，これから1GHzの周波数が拡張帯域となっていく予定であるが，混信さえなければ複数の免許を取得することも可能となるため，まず100MHzのところから一斉に申請することによって活用の有効性をアピールしておくことで，今後の帯域が申請対象となったときにも有利な立場に立てるという事情もある。

　総務省の担当レベルでは，100社くらいの申請を期待しているということだが，要は数の問題ではなく，1つでも多くの新たな使い方を発掘

■ 2019 年 12 月 24 日申請受付開始

総務省が「ローカル 5G 導入に向けたガイドライン」を策定

受付初日から、東京都、NTT 東日本、NEC、富士通、J:COM をはじめとするケーブルテレビ 6 社が手を挙げた

BS 放送や 110 度 CS 放送の認定の場合などには、わざわざ申請の最終日にそろって申請するケースも多く見られた。これは限られた帯域をめぐる競争となるため、最後の最後まで競合事業者の様子をチェックしておきたいからと思われる

今回はローカル 5G 用の 100MHz についての利用申請ということになるものの、携帯キャリアや他のローカル 5G 事業者との混信さえなければ、総務省が活用効果等を審査することによって、いくらでも免許される

他の事業者との混信が見られる場合には、早く申請を出したほうが有利になるのは間違いないことから、いち早く申請に踏み切る事業者が多かったということになる

ローカル 5G 用には、1100MHz の周波数帯が用意されているため、今回の 110MHz に続いて、これから 1GHz の周波数が申請対象となっていく予定であるが、混信さえなければ複数の免許を取得することも可能となるため、まず 100MHz のところから一斉に申請することによって、活用の有効性をアピールしておくことで、今後の帯域が申請対象となったときにも、有利な立場に立てるという事情もある

したいというのが本音だろう。

　米国ベライゾンの例もあってか，ケーブルテレビがラストワンマイルに使うという例が最も典型のようにいわれているが，基地局から端末機までのところだけをローカル5Gにしただけでは不十分である。

　基地局まで送られてくる部分がHFC（光ファイバーと同軸ケーブルの組み合わせ）だと，そこで遅延が発生してしまうので，5Gの強みである低遅延という特性が生かされない。

　そうかといって，ダークファイバーを使ったのでは，費用が増すばかりなので，やはりFTTH化を目指すのが良いのだろうが，逆にFTTH化されてしまうとラストワンマイルの心配は要らなくなるので，ローカル5Gを使う意味も薄れてしまう。

　ケーブルテレビ各社としては判断の難しいところであるが，遠隔医療のようなサービスに貢献しようと考えたらHFCのままでは無理であるため，そこまで考えるかどうかであろう。

　申請を受け付けてから，審査に要する期間は1カ月半程度といわれており，第一陣で申請した各社がサービスの運用を開始するのは，2020年の2月に入ってから順次ということになりそうだ。基本的にはスマートファクトリーのような屋内利用，もしくはスマート農業のように敷地内で完結し，混信の心配のないところがターゲットになると思われるが，第一陣各社の運用に注目したいところである。

(14)「儲かる5G」へ

　ローカル5Gについては，その利活用のアイデアも重要だが，コストの問題も無視できない。

　利活用を先進化させるための一助として，東京大学とNTT東日本で産学共同の「ローカル5Gオープンラボ」が2020年2月に設立された。

ローカル5Gの試験環境を構築し，オープンに参加企業を募って，さまざまな産業プレーヤーとのローカル5Gを活用したユースケースの共創に取り組むことを目的としているという。

　一方，前述したグレープ・ワンは，ケーブルテレビ事業者向けに無線サービスにおける基幹システムとなる無線コアネットワークを構築し，回線サービスを提供するとともに，基地局や端末の販売・運用・保守など総合的にサービス提供を行うことで，事業者の設備投資や運用面での負担軽減に貢献する。また，将来的には，ケーブルテレビ事業者以外の企業や自治体向けのサービス拡大を目指していくようだ。

　東京大学とNTT東日本，グレープ・ワンもともに，ローカル5Gの利活用のアイデア収集とコスト面での負担軽減を目的としている。異なる点としては，グレープ・ワンが日本CATV連盟との連携を行って，主にケーブルテレビ事業者との協業を先行させていこうとしていることくらいかもしれない。

　また，地域BWAのときには，携帯キャリアの子会社は免許付与の対象としないという理由で参加できなかったJ:COMが，ローカル5Gでは参加することが認められたことから，まずはFWA（固定無線アクセス）から取り組んでいくようだ。

　本来ならば，ケーブルテレビ業界で5割超のシェアを誇るJ:COMが地域BWAにも参加していたほうが，その活性化には役に立ったと思われるだけに，ローカル5Gへの参加は好結果を生み出すに違いないと期待される。

　ローカル5Gに参加することを表明している企業はまだまだ多くあり，申請のタイミングを見計らっているに違いない。特に，関西圏のようにケーブルテレビ事業者の競争が激しい地域では，混信の問題を考えると早い者勝ちになることは間違いない。

■ 利活用のアイデアとコストの問題が重要

総務省の担当レベルでは、100 社くらいの申請を期待しているということだが、要は、数の問題ではなく、1つでも多くの新たな使い方を発掘したいというのが本音

①東京大学と NTT 東日本で産学共同の「ローカル 5G オープンラボ」が 2020 年 2 月に設立された。ローカル 5G の試験環境を構築し、オープンに参加企業を募って、さまざまな産業プレーヤーとのローカル 5G を活用したユースケースの共創に取り組むことを目的としている

②自らはコア・ビジネスに特化する住商とともに共同でグレープ・ワンを設立した ZTV、愛媛 CATV、秋田ケーブルテレビ、ケーブルテレビ（栃木）も申請している

③地域 BWA のときには、携帯キャリアの子会社は免許付与の対象としないという理由で参加できなかった J:COM が、ローカル 5G では参加することが認められたことから、まずは FWA（固定無線アクセス）から取り組んでいくもよう

東京大学と NTT 東日本、グレープ・ワンもともに、ローカル 5G の利活用のアイデア収集とコスト面での負担軽減を目的としており、異なる点としては、グレープ・ワンが日本 CATV 連盟との連携を行って、ケーブルテレビ事業者との協業を先行させていこうとしていることくらいかもしれない

ローカル 5G に参加することを表明している企業は、まだまだ多くあり、申請のタイミングを見計らっているに違いない

第一陣は屋内を対象としたものが有利になるといわれているが，まだ１GHzもの周波数が残されていることを考えると，なるべく多様な形で早期参入していくことが望ましいのではなかろうか。

　また，システムを構築することをビジネス化しようと，すでに申請したNEC，富士通（免許取得済）だけでなく，三菱電機も申請することが確実視されており，ローカル５Gの通信設備を販売するだけでなく，設備の運用も代行し，顧客が業務に専念しやすくする。顧客の拠点に通信設備を置くほか，クラウドのように遠隔地のデータセンターに通信設備を用意し，顧客に貸し出すサービスも提供する。NECは，2025年までに数百億円の売上げを見込んでいるという。

　そうした形でビジネスにどれだけの規模が期待できるかを明確にできる企業は少なく，ケーブルテレビ事業者にせよ，スマートファクトリーにせよ，どのくらいの収益を計上することができ，サービス開始後何年でいくらといった目標を明示できるところは少ない。

　「ローカル５G」をもじって「儲かる５G」にしていかねば投資する意味は薄れてしまうので，アイデア競争においても，その収益性が重視されることは間違いない。もちろん，商売だけが目的でなく，公的な役割を果たすことも重要であるが，どの事業者もたとえ皮算用といわれようとも，その胸中には秘めていておかしくはない。

　５Gサービスが国際的に進展している証しというわけでもないが，米国は2019年８月，安全保障の面から，米政府機関がファーウェイなどの機器やサービスを購入することなどを禁じる国防権限法を成立させ，友好国にも同社製品を排除するよう求めた。主たる根拠は安全保障上の問題であり，中国製機器を通じて情報漏洩の危険性が高いというものであった。

　日本でも総務省が2018年12月に，情報通信機器の政府調達の際，サイ

■ 目指せるものなら目指したい「儲かる 5G」

> そもそも東京への、経済・人口の一極集中は、テレビ局
> による情報発信が起こした現象ではない

> ■システムを構築することをビジネス化しようと、すで
> に申請した NEC、富士通だけでなく、三菱電機も申請
> することが確実視されており、ローカル 5G の通信設
> 備を販売するだけでなく、設備の運用も代行し、顧客
> が業務に専念しやすくする。
> ■顧客の拠点に通信設備を置くほか、クラウドのように
> 遠隔地のデータセンターに通信設備を用意し、顧客に
> 貸し出すサービスも提供する。
> ■NEC は、2025 年までに数百億円の売上げを見込ん
> でいる。

> ビジネスにどれだけの規模が期待できるかを明確にできる企
> 業は少なく、ケーブルテレビ事業者にせよ、スマートファク
> トリーにせよ、どのくらいの収益を計上することができ、サ
> ービス開始後何年でいくらと目標を明示できるところは少な
> い

> 「ローカル 5G」をもじって「儲かる 5G」にしていかねば投
> 資する意味は薄れてしまうので、アイデア競争においても、
> その収益性が重視されることは間違いない

バー攻撃など安全保障上のリスクを低減させる運用を申し合わせた。総務省は5G基地局の計画を作る際に申し合わせに留意するよう求めた。

　事実上，日本でも5G関連の機器を中国から調達することを禁じたものだが，携帯キャリア大手4社は中国製機器の排除に合意し，ローカル5Gでも中国製機器を用いる申請には補助金が出ないということで，米国に追随した形だ。

　このようにローカル5Gの申請が始まるや否や，いろいろな検討課題が浮上してきているが，とにかく第一陣の利活用振りが今後の申請にも影響してくることは間違いないだけに，2月以降にどのような運用例が見られることになるのかが注目されるところだ。

(15) ローカル5Gは雑草のように

　大阪大学の三瓶教授によると，日本全体を見渡したときに，大手キャリアが使っている帯域というのは，日本全国を花壇とした場合に，そこにチューリップなどを植えて，全国一律で綺麗な使い方をするということであり，一方，周波数の使い方というのは，もっと地域のニーズに応じて，地域が使いたいときに使うという，少し雑草的な使い方というのが世の中の使い方として，どんどん広がっていくのではないかとのことである。

　つまり，日本全体で見ると，花壇というのは非常に小さなポーションであり，世の中にある樹木とか雑草だとかは，もっともっとたくさんあって，周波帯数の使われ方というのは，おそらくその今の花壇というものが全体をあたかも占めているけれども，実際はどんどん雑草的な使い方というのが浸透していくのではないかということを強調されていたという。5Gとローカル5Gの違いを巧みに言い現わした名言といえるのではなかろうか。

(16) サブシックスは誰が使うか

　全国バンドの5Gと，エリア限定でのローカル5Gがあるが，ここに来て，その使用帯域をめぐる議論が熱くなってきている。

　基本的には，両者とも28GHz帯を使うことになるのだが，いわゆるサブシックスと呼ばれる6GHz未満の周波数帯を，どう割り当てるかというのが論点である。

　ローカル5Gでは今，28.2GHz〜28.3GHzの100MHzについて2019年12月24日から免許申請を受け付けているところであり，それを総務省で審査して免許していく段階にある。しかし，ローカル5Gには，4.6GHzから4.8GHzの200MHzと，28.3GHzから29.1GHzの800MHzが拡張帯域として用意される議論をしているところだが，サブシックスの4.8GHzから4.9GHzの100MHzもローカル5Gで使うようにして，サブシックスでも屋外利用を可能にするとの方針を示したことから，議論が紛糾することとなった。

　もちろん，総務省の方針が示されただけで決まるわけではなく，パブリックコメントを受け付ける過程を経て，周波数再編アクションプランに記載されなければ，何も決まらないが，サブシックスをめぐる議論は簡単に済むとは思えない。

　問題は，サブシックスの帯域について，大手キャリアに平等に配分されなくなりそうなことである。

　すなわち，サブシックスのうち，3.7GHz帯域と4.5GHz帯域が，大手キャリアに平等に付与されていないことから始まる。

　現状は，ドコモとKDDIの2社には，サブシックス帯が200MHzずつ配分されている。ソフトバンクと楽天への配分は100MHzにとどまっている。ソフトバンクや楽天からすれば，サブシックス帯で使える目途が立ったのなら，当然そこの帯域は自分たちに付与されるに違いないと確

■ ローカル5G 及び今回実証実験の周波数帯域

ローカル5Gに合計1100MHz幅が割り当てられ、年内に100MHz幅の割り当てが開始されます。

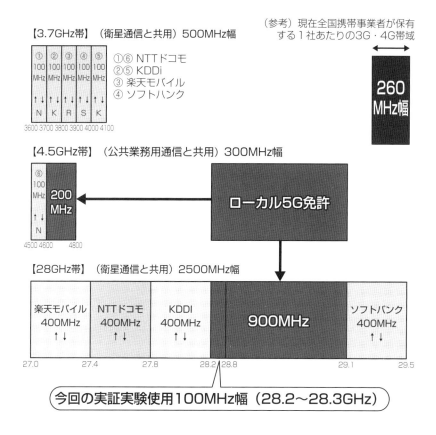

【3.7GHz帯】（衛星通信と共用）500MHz幅

①⑥ NTTドコモ
②⑤ KDDi
③ 楽天モバイル
④ ソフトハンク

（参考）現在全国携帯事業者が保有する1社あたりの3G・4G帯域

260 MHz幅

【4.5GHz帯】（公共業務用通信と共用）300MHz幅

ローカル5G免許 → 200MHz

【28GHz帯】（衛星通信と共用）2500MHz幅

| 楽天モバイル 400MHz ↑↓ | NTTドコモ 400MHz ↑↓ | KDDI 400MHz ↑↓ | 900MHz | ソフトバンク 400MHz ↑↓ |

今回の実証実験使用100MHz幅（28.2〜28.3GHz）

信していたと思われる。ところが，そこの100MHzがローカル5Gに配分されることになると聞いては，黙っていられないであろう気持ちはよく分かる。

(17)　5Gの可能性とbeyond 5G

　全国バンドの5Gも，ローカル5Gも，使われるエリアの広さが異なるというだけのことであり，克服すべき課題にそう大きな違いはない。

　使用する周波数帯が高くなれば，直進性が強くなることに変わりはないので，実験こそローカル5Gのものが注目されているが，その結果やそれを克服した後の可能性に大きな違いがあるわけではない。

　ただ，ローカル5Gで得られた教訓や，利便性の高い使い方を適用していくことにより，5Gよりも使いにくいミリ波帯が少しずつでも活用可能となってくれば，周波数の有効活用という見地からは非常に意義のあることになる。

　ローカル5Gは実験が続けられており，5Gはエンターテイメントを中心に新たにできるようになることがプレゼンされていることから，それが両者の特性のように思われがちだが，2020年の東京オリンピックでは多くの外国人観光客が来日してくることから，そのときに新たな成果として見てもらうには，全国バンドの5Gで試行されているエンターテイメント的なサービスが適しているからに過ぎない。

　ローカル5Gの場合には，非常に限られたエリアで局所ごとに活用されることになるため，あまり観光客にアピールする材料にはならないというだけのことである。

　さて，5Gがこれから広く普及していこうという段階で，すでに5Gの次世代規格の研究が始まっており，Beyond 5G（事実上の6Gといわれている）についても，まさに5Gの本領発揮ともいえる機能が付加さ

れていくことになるだろう。

　世界中で研究が進んでおり，最も先行しているのがわが国のNTTであるといわれている。

　5Gでは20Gbpsの高速を実現しているものの，これがBeyond5Gになると1Tbpsを超えていくことが期待されている。まさに，ギガの世界からテラの世界への兆戦が始まっているということだ。その結果として，インターネットの危機も回避されることになれば，最も好ましい解決方法となるのではなかろうか。

インターネットの危機は
救われる

1 これからは「有線と無線」の連携に

(1) 5Gだけでは解決しない

　インターネットのトラフィック急増問題が深刻だと認識されているまさにそのタイミングで5Gが出てきたことから，5Gさえあれば解決してしまうだろうという何の根拠もない信仰のようなものが広がっている。

　しかし，これまでで述べてきたように，5Gの強みや弱みを考えた場合に，どう考えても5Gだけでインターネットのトラフィックを減らすことはできない。

　そもそも5Gは，スマホのような移動通信における技術革新であり，下手をするとその利便性の高さから余計にトラフィックを増やしてしまうのではないかと心配するほうが普通である。

　ただ，大容量のデータやコンテンツを瞬時に送ることができるという意味では，，それに時間をかけていた今のインターネットサービスを救う役割も期待できないことではない。

　何よりも問題なのは，その5Gがいつわれわれの手に入るかということである。東京オリンピック，パラリンピックでは，5Gならではの技術を使ったプレゼンテーションが行われると思うが，それはあくまで一時的なことである。

　今の4G/LTEのスマホのように，ショップに買いに行けばすぐにでも入手できるようになるのは，早くても2021年以降になるとすらいわれている。

　もちろん4社に免許が交付されたことから，どこよりも早く一般人向けの販売を行って，シェアを取ってしまおうと考える事業者がいてもおかしくはない。

　ただ，そうなることを意識していたかどうかは不明だが，菅官房長官が端末料金と通信料を分離することとして，毎月払う通信料の一部を携帯端末の料金の割賦に充てることを禁止してしまった。大手携帯キャリアからすれば，通信料がそのまま自社収入となるから良いのだが，一般ユーザーからすると，最新の携帯端末を使おうと思ったら非常に高い金額を支払わねばならなくなってしまった。

　5G対応のスマホをいち早く販売しても，メーカーにとってのメリットは少なくなってしまったことになる。そうなると，競って5Gのスマホをいち早く売り出したところで，あまりメリットは感じられないかもしれないのである。

　5Gスマホの価格が，どうなるかは分からない。むしろ，通信料がどうなるのかのほうが注目されているところである。

　5Gの強みである超高速，多数同時接続，超低遅延というのは確かに魅力ではあるが，一般のユーザーからすると，今の4G/LTEの品質で満足していれば，通信料次第では，高い携帯端末を買ってまで使おうとは思わないかもしれないのである。それは，格安スマホのユーザーが着実に増えてきたことからも明らかである。

　そうしたことを考えると，今のインターネットの危機的状況を救うことは考えにくく，そこに活路を見い出そうとしている人たちには申し訳ないが，全くの別物と考えていたほうが良いのかもしれないのである。

　菅官房長官からは，5Gのスマホの値引きはマックスで2万円にすべしとの指示が出たという。5Gを普及させようと考えているとは思えないスタンスに見て取れる。

（2）モバイルに欠かせない基地局
　よく聞かれる勘違いとして，データ通信にせよ，音声通話にせよ，モ

バイルから相手のモバイルへ無線のまま届けられると考える人も多いようである。

　しかし，実際にはモバイルの利活用に大量の基地局が必要であるように，まずは自ら発信したものは身近な基地局に届けられる。そして，届け先にある基地局まで運ばれて，そこから無線で相手に届けられるのである。そして，その基地局間を結んでいるのが固定の光ファイバーなのである。

　モバイルが5Gになったからといって，インターネットのトラフィックが減少することにならないというのは，まさにそうした基本的な仕組みがあるからであって，幹線となる固定の光回線が混み合うことになるようでは，何も変わらないどころか，却って逆効果にもなりかねない。

　もっとも幹線をつなぐ光回線は，個々のユーザー宅に届けられるときのように，1Gを32分岐するようなことはしないため，太い回線はそれなりの効果を発揮するので，5Gがどれだけ使われようと，それがインターネットをつなぎにくくすることはない。

　5Gで新たなサービスが提供されるとき，例えば遠隔医療を行う際に，遅延などがあったら話にならなくなってしまうが，基地局から現場までは5Gで行くので，そこで遅延が起こることはない。

　ケーブルテレビがFTTH化されていないケースなどで，最後に同軸ケーブルを使うHFC（Hybrid fiber-coaxial）の場合に危惧されるのは，基地局から先で遅延が起こることはないが，基地局に至るまでに遅延が起こりかねないことである。

　このように5Gのサービスであっても，固定回線の影響が大きいことから，それがインターネットの危機を救うことにはなり切れないという事情がある。

（3）モバイルインターネットはさらに使われるように

　これも，5Gのスマホがいつ一般ユーザーの手に渡るかによるのだが，固定回線を遥かに超えてトラフィックを増やし続けているモバイルの世界では，5Gスマホの使用量はさらに向上していくと考えて良いだろう。

　インターネット全体のことを考えれば，ともかく今の4G/LTEよりも圧倒的に機能が向上することは間違いないだけに，高機能なほうに乗り換える人が続々と増えてもおかしくはない。ただ，それも携帯端末や通信料金次第なので，一概にはいえることではない。

　とはいえ，5Gになると大容量伝送が超高速に行われることになる。正確には，100MHzの情報を送るのも，1GHzの情報を送るのも，かかる時間は同じであるということだ。

　朝の通勤列車でいうならば，同じ区間を同じ速度で走るのだが，車両ごとに収容される人の数が今までの10倍になるということになるので，駅のホームで待たされることはなくなるということになる。

　家に帰ってWi-Fiに落としてしまったら，固定回線のトラフィックはさらに急増されることになるが，いちいちWi-Fiに落とさなくても，後述するようにスマホで受けたコンテンツをそのままテレビで視聴できるようになる可能性も考えられる。

　使い方次第ではあるが，トラフィックの急増を抑える役割を果たすことも，全く期待できないわけではなさそうである。

　特に，固定回線の輻輳を無線の通信で補完できるようになる可能性を示したところが，今までのように単純に誰が追加資金を出すかという議論から脱することを可能にして，それぞれがインターネットの使いやすさを向上させられそうだと思えるようになったことは，新たに「有線と無線の連携」という言葉を生み出すことを予感させられるように思えるのである。

2　5Gならではのソリューション

（1）IPv4からIPv6へ

　IoT（すべてのものがインターネットにつながる）社会がやってくるといわれているが，インターネットの現状からすると，簡単に実現しなさそうで，大丈夫なのかと心配になる。

　今のインターネットは次項で述べるような最終的なソリューションが施されるまで頑張れるかといったところにある。

　すべてのものがインターネットにつながるためには，すべてのものにIPアドレス（インターネット上の住所のようなもの）が付与されなければいけない。

　今はIPv4という規格が用いられているが，IPv4はすでに枯渇し始めており，足りなくなるのは時間の問題であるということで，今後はIPv6がメインに使われるようになる。

　IPv6のほうは無限に近くアドレスが取れるというメリットがあるのと，IPv4に比べるとISPとの間で詰まることが少なくなるので，インターネットのトラフィックが増えても，即座にインターネットが遅くなることはないという。もちろん，インターネットがこう何から何まで使われるようになると，IPv6に切り替えたところでいずれはパンクしかねないが，あと10年を乗り越えることができるなら，それも非常に有効な手段といえる。

　すでに個人レベルでも，こうした技術に強い人はIPv6を使うことにより，インターネットが遅くなるのを防いでいるということなので，それを個人ベースでなく全国的に使うようにすれば，インターネットの危機は防げる可能性が高い。逆にいうと，大半のインターネットユーザー

■ NTT は IPv4 から IPv6 へ

IPv4 は枯渇する一方であり、
満員電車の原因となっていたが…

IPv6 は、IP アドレスが実質、無限になる
とすらいわれている

個人でもやろうと
思えばできる方法
であり、やってい
る人もいる

プロバイダ、ルーター、利用デバイスの
OS の 3 つすべてで、「v6 プラス」とい
うサービスでの通信を扱える状態にする
必要がある→プロバイダが自ら v6 対応
に切り替えることによって今回の問題の
解決に向かう

プロバイダーが
v6 に対応している
かどうかの確認
が必要

v4 と v6 に互換性がないが、
IPv4 と IPv6 の共存も可能
であるし、徐々に IPv6 へと
置き換えていくことも可能

トラフィックの増加
の歯止め策として
非常に有効

プロバイダとの協調が不可欠であり、
傘下にプロバイダを置くほどの事業者で
ないと、不可能ではある

は，自らIPv6に切り替える方法を知らないのが当たり前だと思われるので，自然体で解決していく問題ではない。

　NTTグループでは，すでにその方向で取り組んでいるということであり，個人レベルでも使っている人がいることを考えると，いずれ全国的に広まっていくだろう。インターネットの利用が増えていっても，その結果として，つながるのが遅くなるといった本書で問題視していたことは防げるといわれている。

　実際にどういう手続きが必要なのかは分からないが，関係事業者が危機感を持ち，なおかつ公平なコスト負担の実現方法が見つかるまでの間を乗り切ることは期待できそうである。

　ただし，IPv4からIPv6に切り替えたところで，すべてのものがインターネットにつながるIoTの世界を迎えようとしたら，いずれ時間の問題で同じことが起こってくることは間違いない。

　やはり「公平負担」というコンセプトを明らかにすることによって，関係する人たちすべてが，コスト負担をせざるを得なくなることは必至であると考えておくべきだろう。

（2）究極の選択，5G使用料のアンリミテッド化

　本当に実現するのかどうか分からないが，定額を払うことによって，5Gの機能を使い放題にするというアンリミテッド化の話が実現性を帯びている。毎月，1万円なら1万円を払えば，あとはどれだけ使っても追加の料金がかからないという考え方である。

　端末料金と通信料を分離しなければならなくなり，携帯キャリアは，これまで通信料の一部で端末料金の割賦販売のようなことをしていたのだが，それをしてはいけなくなったお蔭で通信料が丸々収入になることとなった。

　5Gのアンリミテッド化を行ったところで，個人ベースでは月々にそれほど使うものでもない。海外の通信キャリアに比べると，日本の携帯キャリアもそれほど儲け過ぎているわけではないのだが，アンリミテッドにしたところで，端末料金の一部に充てていたときに比べたら，それほどのダメージを受けるわけではない可能性がある。

　また，5Gスマホがアンリミテッドになることによって，わざわざWi-Fi環境のあるところでしか動画を視聴したり，ネットゲームをしたりする必要はなくなる。

　動画はテレビで見たいという人も，自宅に帰ってWi-Fi経由でスマホ向けに送られてきたコンテンツをテレビに送る必要がなくなる。なぜなら，テレビに5Gのチップを入れておけば，スマホからダイレクトにテレビにコンテンツが送られるので，Wi-Fiは使わず，固定回線のトラフィックを増やすことにもならない。

　それと同じで，今まで固定回線を使うしかなかった場面でも，これからはスマホだけで済ますことができるようになる。

　スマホのアンリミテッド化の効果は，それほど大きいことになる。4Gであれ，5Gであれ，基地局と基地局の間は固定の光回線でつながっている。幹線が一杯一杯では，肝心の5Gも機能しなくなってしまう。

　そうこうしているうちに，また技術革新が進み，固定回線のキャパシティも大きくなっていくことは，これまでの進化の速さを考えれば十分に期待できることである。

　5Gスマホのアンリミテッド化には，携帯キャリアは反対するかもしれない。しかし，それは一過性のことでしかないと考えれば，5Gがインターネットの危機を救うことは十分に期待できるのではなかろうか。

　ただし，その考え方は少なくとも「公平負担」という考え方とは一致しないので，あくまでもそうした可能性もあるというヒントのようなも

のである。

　インターネットの危機は，次に述べるNTTのIOWN（アイオン）構
想によって解消されることになると思われるが，そこまでの中継策とし
ては，スマホ使用料金のアンリミテッド化を考えなければいけないほど，
今のところ明快な対応策がないということでもある。

（3）NTT東日本が10Gbpsのサービスを導入

　NTT東日本が，2020年4がら順次，10Gbpsのフレッツ光をサービス
メニューに組み込むことを発表した。

　これまでは，1Gの容量の回線を最大32分岐して提供していたが，10G
のサービスについては，ユーザーニーズに応じて10Gをダイレクトに提
供することもあり得るし，仮に引き続き32分岐したとしても，これまで
の30Mbps強から300Mbps強まで拡大することになる。300Mbpsもあれ
ば，8Kコンテンツの配信にも十分に対応できることになる。

　これまでも10Gサービスを提供してきた大手通信事業者はいたが，
NTTの場合には全国レベルの話になるので，その影響は極めて大きい。

　10G化については，光サービス卸しの利用者にも行われるし，地上波，
BS，CSの3波共用機でRF（Radio Frequency：テレビ放送で使われて
いる帯域の高周波信号）ベースの3波パススルーにも導入することがで
きる。

　ただし，繰り返すようだが，IPv4からIPv6への移行と同時に，
10Gbpsの光回線をもってしても，いずれトラフィックの急増には対応
しづらくなっていく可能性がないわけではない。

　次項で述べるNTTの「IOWN構想」へのつなぎと考えるべきではあ
るが，10年程度で変わって行くので，目先のトラフィック急増を回避す
る役目は十分に果たすことが期待される。

3　NTTのIOWN（アイオン）構想

（1）IOWN構想がもたらすもの

　IOWN構想[※]は，2024年に仕様の確定が行われ，2030年の実現が目指されている。筆者がここまで，「あと10年を乗り切れば」ということを述べてきた理由もそこにある。

　Beyond 5 Gは大変な可能性を秘めるが，それが生かされるためには，固定回線のレベルアップも欠かせないからだ。フレッツ光のIDG化によって，IOWN構想への橋渡しの役目は十分に果たせそうである。

　IOWN構想では，これまでの情報通信システムを変革し，現状のICT技術の限界を超えた新たな情報通信基盤を目指している。

　それを光技術による「オールフォトニクス・ネットワーク（APN)」と，その上に構築されるリアルタイムで分析やフィードバック処理を行う「デジタルツインコンピューティング（DTC)」，さらにはそれらの処理を全体最適に調和させてリソース配分を行い，必要な情報をネットワーク内に流通させる仕組みである「コグニティブ・ファウンデーション（CF)」の３つにより実現したいと考えている。

　　※本項では，『IOWN構想』澤田純監修，井伊基之＋川添雄彦著（NTT出版）から，著者了解のもと，多くの引用を行っている。

（2）無線技術との最適な接続を実現

　「オールフォトニクス・ネットワーク」とは，発信元から受信先まで，すべての通信が光でつながるネットワークを指している。現在の光ファイバー伝送を用いたインターネット回線では，ルーターを介して光信号と電気信号との変換を何度も行わなければならないが，APNでは電気

IOWN（アイオン）構想では、これまでの情報通信システムを変革し、現状の ICT 技術の限界を超えた新たな情報通信基盤の実現を目指す

インターネットに頼るのみでは、通信量のさらなる増加、ネットワークのさらなる複雑化、輻輳による遅延の増加など、現状の技術の延長では解決できないさまざまな課題に直面することへのソリューションとして提言

「ムーアの法則」：半導体産業の経験則から「同一面積当たりの集積回路上のトランジスタ数は 18 カ月（〜 24 カ月）ごとに倍になる」と唱えられた

現在のトランジスタの大きさはすでに nm（ナノメートル、10億分の1メートル）の単位にまで小さくなっており、その製造は物理的に限界近くまで来ており、さらに集積率が高まることによって、集積回路を流れる電子数のバラつきによる動作異常や発熱の増大による温度上昇が顕著になる。動作周波数の限界も近づいており、「ムーアの法則」は崩壊しつつある

IOWN では、これまでのインターネットの限界を乗り越え、新たな伝送技術でこれまでにないネットワーク世界を構築する

IOWN が実用化されれば、情報処理能力の問題、消費電力の問題に新たな解決の指針が得られ、「ムーアの法則」の崩壊の懸念への突破口となり得る

■ IOWN を構成する３つの要素

IOWN は現在、次の３つの技術的要素から構成される

①オールフォトニクス・ネットワーク（APN）
②デジタルツインコンピューティング（DTC）
③コグニティブ・ファウンデーション（CF）

①オールフォトニクス・ネットワークは、ネットワークに接続されるすべてのデバイスを対象とし、短距離から長距離伝送に至るすべての情報伝送と中継処理について、従来のエレクトロニクスからフォトニクス、すなわち光技術への転換を図ることにより、エンドツーエンドでの光伝送を実現する。これにより現状のインターネット技術の限界を突破し、圧倒的な低消費電力、高品質・大容量、低遅延の伝送を実現し、5G、それに続く Beyond5G など無線通信との最適な接続も検討

②デジタルツインコンピューティングは現実世界の現象を計算機上で再現する「デジタルの双子を作る」という考え方で、現実空間をデータ化してサイバー空間に写し取るだけなく、それらを高度にモデリングし、多様なモデル間の相互の演算処理によって掛け合わせることにより、革新的なサービスを目指す。現状ではユーザー自身の操作で 4G や Wi-Fi の使い分けが必要な無線アクセスだが、ユーザーが意識することなく自然に最適なワイヤレスシステムが割り当てられるようになる

③有限な ICT リソースに対して、それらを全体最適に調和させてリソース配分を行い、必要な情報をネットワーク内に流通させる仕組みがコグニティブ・ファウンデーションである

DTC を用いて実現されるサイバーフィジカルシステム
のように、大規模演算、大容量通信が求められるコン
ピューティング環境の構築は、APN による低消費電力、
大容量低遅延の伝送と、CF によるすべての IT リソー
スの最適な配分なしに実現することは難しい

オールフォトニクス・ネットワーク（APN）

発信元から発信先まで、すべての通信が光でつなが
るネットワーク。現在のひかりファイバー伝送を用
いたインターネット回線では、ルーターを介して、
光信号と電気信号との変換を何度か行わなければな
らないが、APN では、電気信号を介することなく、
光信号だけで通信することを目指す

すべての通信デバイスが電気信号を介さずに光でつ
ながり、より多くの波長を活用することで、現在ネ
ットワークと比較してはるかに大容量、かつ超低遅
延な伝送が実現することになる

信号を介することなしに光信号だけで通信することが目指されている。

　APNによって，革新的な大容量化を実現し，複数の情報を同時に超低遅延で送ることが可能になるため，遠隔医療の実用化も見えてくることになる。

　また，従来のエレクトロニクスからフォトニクス，すなわち光技術への転換を図ることにより，エンドツーエンドでの光伝送を実現することにより現状のインターネット技術の限界を突破し，圧倒的な低消費電力，高品質・大容量，低遅延の伝送を実現するため，5Gやその後に続くBeyond 5Gなど，無線技術との最適な接続も可能になる。

（3）最適なワイヤレスシステムを割当

　デジタルツインコンピューティング（DTC）は，アメリカ国防総省国防高等研究計画局による造語で，「デジタルツイン」が現実世界の現象を計算機上で再現する，いわゆる「デジタルの双子をつくる」という考え方に基づく。ナチュナル技術の頭脳部分がここに当たることになる。

　現状では，ユーザー自身の操作で4GやWi-Fiの使い方が必要な無線アクセスも，ユーザーが意識することなく，自然に最適なワイヤレスシステムを割り当てられることが必要である。

　有限なICTリソースに対して，それらを全体最適に調和させてリソース配分を行い，必要な情報をネットワーク内に流通させる仕組みが「コグニティブ・ファウンデーション（CF）」である。

（4）無線を含めたシステム全体の高度化

　従来は，ICTリソースはサイロ化され，個別に管理・運用されており，エッジコンピューティングやハイブリッドクラウドにおける高度な分散連携を実現する際の大きな障壁となっていた。

■ IOWN を構成する３つの要素がもたらすもの ②

デジタルツインコンピューティング（DTC）

デジタルツインコンピューティングとは、これまでのデジタルツインの概念を発展させたものであり、多様なデジタルツインを掛け合わせてさまざまな演算を行うことにより、実世界の再現を超えたインタラクションをサイバー空間上で自由自在に行うことが可能な新たな計算パラダイム

コグニティブ・ファウンデーション（CF）

クラウド、ネットワークサービスに加え、ユーザーの ICT リソースを含めた構築・設計および管理・運用を一元的に実施できる仕組みのこと
従来これらの ICT リソースはサイロ化され個別に管理・運用されており、エッジコンピューティングやハイブリッドクラウドにおける高度な分散連携を実現する際の大きな障壁となっていた

有線だけでなく、無線も含めたシステム全体の高度化も不可欠である。NTT では、CF 内の無線制御技術の総称を「Cradio（クレイディオ）」と名付け研究開発を加速させている

　有線だけでなく，無線を含めたシステム全体の高度化も不可欠である
利用者状況に合わせたプロアクティブなエリア実現や複数無線連結技術
などにより，無線ネットワークを意識させない通信環境の実現が必要に
なる。NTTでは，こうしたCF内の無線制御技術の総称を「Cradio」（ク
レイディオ）と名付け，研究開発を加速させていくという。

4 Beyond５ＧとIOWN構想のコラボで インターネットは安定性を取り戻す

(1) ５ＧからBeyond５Ｇへ

　５Ｇが目指す性能向上を実現するためには，複数の技術アプローチを相互補完的に導入し，さらにそれらによる高度化が必要となる。５Ｇ実現のための基本技術を具体化するため，非常に多くのアンテナ（基地局側では数十，あるいは100以上のアンテナの活用を想定）を使ってデータの送受信を行う「Massive MIMO」（電波が減衰しやすい高周波数帯に有効な技術とされ，ミリ波などの高周波数帯の利用が想定されている５Ｇで鍵となる）技術や個別端末の高速通信を実現するために多数のアンテナを用いて電波を目的の方向に集中させる「ビームフォーミング」技術などが必要となる。

　それらの結果として，

① 伝送容量：10Gbps〜

　高周波帯（マイクロ波〜ミリ波）を活用することによって超高精細動画（例：４Ｋ・８Ｋ）の配信やリアリティの高いAR/VRの応用拡大（アミューズメント，産業等）

② 接続密度：106台／km²

　イベント会場，競技場等でのライブ中継（ビデオ再生）を高精細で個別端末へ配信

③ 最大遅延時間：1msec

　触覚通信，ARや自動運転用リアルタイム制御など

④ 最大移動速度：500km/h

　不通時間０msecと合わせて新幹線，自動車などの制御

が可能となる。

（2）さらなる進化を遂げるBeyond 5 G

無線通信の基本となる周波数帯域は5Gで使用されるミリ波に加えて，より大容量化が可能なテラヘルツ波の利用も想定される。5Gと同じくBeyond 5Gにおいても各個別技術は相互補完関係となるが，主な技術仕様の重要度が高いアプリケーションは以下のとおりである

① 伝送容量：100Gbps～
超高周波帯（テラヘルツ波）を活用することによって超高精細動画（例：8K/16K）による3Dプロジェクションマッピング，超高精細医療検査機器等の実現

② 接続密度：107台／㎢
イベント会場，競技場等でのライブ中継（ビデオ再生）を高精細で個別端末へ配信

③ 最大遅延時間：ほぼゼロ遅延
遠隔手術，完全自律型ロボット，レベル5の自動運転など

5G，Beyond 5Gを実現していくためには，技術的課題の克服をベースとした国際的な標準化が必要であることはいうまでもない。

おわりに

　インターネットが使いにくくなり始めているのは事実であり，着々と進むIoTにも障害となりかねないことは間違いない。

　それを解決する手段についてはいろいろと議論されており，ネットワーク中立性というコンセプトの下，ネットワークを構築する者に限らず，そこにコンテンツを提供する者，そしてそのユーザーなどが「公平」に資金負担すべき方法が模索されている。

　しかし，単純に資金だけを集めて回線を太くするといった解決法では，いずれ次なる限界が待ち受けることになる。同じ方法で解決しても，次なる障害が現れることは避けられない。

　そのため，技術の進歩を上手く活用することによって解決していくという選択肢が，常に優先的に検討されるべきだと考えた。

　5Gの登場により救われることに期待する人が多いことは確かであるが，無線技術だけですべての問題を解決することは難しいし，5Gに頼るあまり，5Gの本来の利便性が損なわれることについても，それはそれで技術の進歩の成果を享受しにくくなるばかりである。

　NTTのIOWN構想は，非常にタイムリーに提案されたものといえる。そして，それと併用するかのように5Gも次なる進歩によってBeyond 5Gとなっていくことから，その両者の技術をマッチングさせることで，インターネットの危機を救えるのではないかと考えた。

　技術の進歩は止まることを知らない。筆者はここから10年を何とか乗り切っていくことで，インターネットの利便性が悪化することを避けられると考えて本書を執筆した次第であるが，その間にも現時点では想像

もつかないような新技術が登場してくるかもしれない。

　それにより，10年先を期待する本書は何の価値もなくなってしまうかもしれないが，本書を手にとってくれる読者の方々とともに，そうした事態も楽しみにしていこうと考えながら，本書を締めくくることとしたい。

西　　正

【著者紹介】

西　　正（にし　ただし）

1958年東京都生まれ。82年東京大学法学部卒業後，三井銀行（現三井住友銀行）入行。
94年さくら総合研究所（現日本総合研究所）に出向し，メディア調査室長，01年日本総研メ
ディア研究センター所長を経て，03年，㈱オフィスNを設立。放送と通信，双方に精通した
メディアコンサルタントとして現在に至る。
著書に『４K，８K，スマートテレビのゆくえ』『地デジ化の真実』（以上，中央経済社），
『IPTV革命』（日経BP社），『2011年，メディア再編』（アスキー新書），『いつテレビを買い替
えるか』（小学館文庫）など多数。

beyond５Gはインターネットの危機を救えるか

2020年４月15日　第１版第１刷発行

著　者　西　　　　　正
発行者　山　本　　　継
発行所　㈱中央経済社
発売元　㈱中央経済グループ
　　　　　パブリッシング

〒101-0051　東京都千代田区神田神保町1-31-2
電話　03 (3293) 3371(編集代表)
　　　　03 (3293) 3381(営業代表)
http://www.chuokeizai.co.jp/
印刷／東光整版印刷㈱
製本／㈲井上製本所

© 2020
Printed in Japan

＊頁の「欠落」や「順序違い」などがありましたらお取り替えいた
しますので発売元までご送付ください。（送料小社負担）
ISBN978-4-502-34551-7　C3034